ダム湖の中で起こること

ダム問題の議論のために

村上哲生
TETUO MURAKAMI

地人書館

目次

第2章　ダム問題とは何か？

第3章　ダム湖の中で起こること

第4章　ダム湖の中で起こること

その2　プランクトンの発生とその影響

第5章　ダム湖の下流で起こること

その1　水位の変化と冷濁水の放流

第6章　ダム湖の下流で起こること

その2　生き物への影響を巡って

第7章　ダムの環境影響の議論の歴史

第8章　ダムによる環境変化はどこまで予測できるか？　軽減できるか？

第11章　ダム問題をさらに詳しく知るために

第12章　これからのダム問題の議論のために

はじめに――新しいようで古いダムの環境問題

日本でダムが盛んに造られ始めたのは、第二次世界大戦に負けた後だ。もちろん、戦前にも上水道や発電のための小規模なダムはあった。一九三六（昭和一一）年のダム台帳には、五二基のコンクリート・ダムが掲載されている。それから約三十年後の一九六九（昭和四四）年には、その数は二一四九基に増加している。

戦争で疲れ果てた国土を回復させるためには、水力発電によるエネルギーが必要だった。水力を、火力発電所を動かす石炭にたとえて、「白い石炭」と呼んだものだった。工業や農業にも水が必要だし、私たちの飲み水の大部分もダムの賜物だ。日本の水道水源の約七割は川の水だ。ダム湖にためることにより、安定した水資源として利用が容易になるのだ。戦後、土木工事のための機械が発達してきたことも、大規模なダム工事を後押ししたことだろう。

二一世紀に入るあたりから、ダムに対する風当たりが厳しくなってきた。川の環境や川に棲む生物、例えばアユや川虫などに悪い影響を与えることが、専門家以外にも次第に理解されるようになってきた。せっかく水道のために造ったダム湖の中でも、プランクトンが発生して、飲み水に嫌な味や臭いがつく事件が起こった。一方、電力の主流は水力から、火力と原子力にとって代わられた。豊かになった私たちは、ダムの恩恵よりも、害に目を向ける余裕がやっとできてきた。

ダムの環境破壊は、私たちにとって、新しい問題なのだろうか。そうではない。実は、ずっと昔から、ダムは自然とは相容れない関係だったのだ。

トールキンの『指輪物語』(ザ・ロード・オブ・ザ・リングス)は、楽しい冒険物語だ。主人公はホビット族と呼ばれる小人のフロド。彼が人や妖精の仲間の力を借り、世界を支配する邪悪な指輪を滅ぼす旅を軸に物語は展開する。日本でも翻訳されたし、映画にもなってアカデミー賞を独り占めにした。魔法使い、妖精、小人、巨人など不思議な生物が活躍する。架空の話だが、魔法は別として、ヨーロッパの中世時代の技術と社会がモデルになっている。

さて、物語の中盤、映画ではパート2の最後あたり、悪い魔法使い・白のサルマーンが造ったダムを、木の精霊・エントが破壊するエピソードが登場する。ダムが壊され、サルマーンの塔が水浸しになるシーンだ。痛快な場面だが、なぜ、サルマーンはダムを造ったのだろう。また、めったに怒らず戦うことを嫌がっていたエントが立ち上がったのはなぜだろうか。これが、最も古くからあるダムの環境破壊に関係があるのだ。

サルマーンがダムを造ったのは、手下の怪物たちの飲み水や食料を生産するための農業用水を確保するためではない。いくらすご腕の魔法使いでも、水力発電を利用する力はさすがになさそうだ。ダムの建設は、武器の材料となる鉄をつくるのが目的だったろう。金属の鉄を手に入れるためには鉄鉱石を溶かす必要がある。木炭や石炭を燃やして高熱を得るには、送風装置としてふいごを使う。当時のふいごは動物の皮でつくった袋のようなもので、これに空気をため、手で押したり足で踏んだりして、火に空気を送り続けねばならない。これには大変な労力がかかるため、ヨーロッパの中世時代には、すでに水力が使われていた。水車の回る力でふいごを動かすのだ。水車は鉄を鍛える大型のハンマーの動力にも使われていた。水車を回す水を安定して供給するためにダムが造られ、水がためられたのだ。

ダムが水の流れを遮り、川を涸らす。また、製鉄のために燃やされる木炭は、エントの仲間の樹木の犠牲によりつくられる。彼らが怒ってダムを壊したのは当然だろう。ダムの環境破壊の歴史は、私たちが水の力を利用しようとした時から始まった。物語では、サルマーンのダムは自然破壊の象徴になっている。自然の中で生きるエントたちとは共存できないのだ。

しかし、現実のダムは、サルマーンの造ったそれのように、世界に害悪をもたらすばかりのものではない。また、私たちも、エントのようにダムを壊すだけでは、本当の、根本的な問題の解決にはならないことを知っている。中世に始まったダムの環境破壊とともに、その影響を軽減するための工夫、例えば魚道の設置やダムの水門の定期的な開放もまた同時に始まった。ダムと上手に付き合うためには、ダムのもたらす利益と損失をよく考えてみないといけない。損得は、今の私たちの都合だけで勘定してはならない。まだ生まれていない私たちの子孫や、言葉を発せない木や魚の生活も考えなければならない。

ダムの与える利益は、ダムを造る側から積極的に説明される。洪水を防いだり、飲み水を確保したりする役割がそれだ。しかし、ダムによる損失を説く情報はまだ乏しい。声は大きくなっているものの、こと環境については、正しくはあっても感覚的な意見が多く、現場にいない者にとっては理解しがたい主張もある。公平な議論になるように、ダムが環境に与える損害について少し勉強してみよう。

自然の見方

自然を理解する道筋は様々だ。食物連鎖の頂点にいる大型生物、例えばワシ・タカ類を調べることにより、それらの生活を支える生物の世界全体に起こっていることを知ろうとするやり方もある。しかし、私は、世間で騒がれる魚や水生昆虫などの大型の生物よりも、それらが食べる餌である微小な生物や、棲んでいる川の水温や濁りなどの環境のほうに、ダムの影響はよ

生態系(自然)のピラミッド

自然を理解する道筋には、食物連鎖の頂点からのアプローチもあれば、ピラミッドの一番下から大型の生物の生活を推測する方法もある。

りはっきりと現れると考えている。

生物の世界は、「食う・食われる」の関係を基にして、ピラミッドに例えられる。ピラミッドの一番下の変化を調べることにより、その上に成り立つ大型の生物への影響を推測しようとする立場だ。有名な昆虫学者、ファーブルの「胃袋は動物の行動を支配する」との言葉に倣えば、胃袋と棲み場所から、川の中の生物の生活を考えようということになる。

川が涸れたり、水が濁ったりするような目でみて簡単にわかる影響もあれば、ドミノ倒しのように、影響の連鎖の結果引き起こされる複雑な変化もある。すべての環境要素、つまり水温や濁りなどと、川に棲む生物の社会全体について、相互の関係を明らかにすることが理想的だろうが、それは、今のところ不可能だ。環境への影響については、私が現場で観測したものを中心に語ることにした。

科学的に考えること

この本で書くダムの環境影響は、様々な建設現場で語ってきたことだ。専門家からはすでにわかっていることばかりだと批判され、専門外の方からは難しいとの反応が多かった。身近な川の環境問題だが、専門の内外では、これほど理解の程度が異なる。

講演会などで、最もうける話は、現場の川漁師が語る体験談だ。話術の上手下手はあるが、彼らの川の変化の観察と因果の推理は的確だ。だが、これは毎日川を見ている彼らだからできることだし、行政の目標とするには、説明が不足しているように感じられることもある。ダムの問題をだれもが参加できる場で議論するには、数値と科学的な論理を共通の道具として意思の疎通を図る必要がある。科学は魔術ではない。特殊な経験や能力がなくても、手順さえ踏めば、だれでも、その時点での合理的な結論に至ることができる。

言葉でごまかさない

環境問題ではお馴染みの、「豊かな生態系の破壊」や「多様性の維持」などの言葉は、あえて使わない。川の中で何が起こっているのかを、真剣に考えてもらいたいからだ。地域の環境と生物がどう変わるか、それは私たちの生存にどう影響するかなどの具体的な話ではなく、すでにある観念を借りての議論は不毛だと思う。

良い川とはどんなものだろうか。魚や貝がたくさんとれる川であれば、プランクトンなどの藻類がある程度発生したほうが良い。しかし、そのような川は、上水道の水源としては適当ではない。アユが大量に遡上する川を好むか、様々な魚種がみられる川を良いと感じるか、これも意見が分かれるかもしれない。一九六〇年代からの、凄まじい川の汚染を克服する過程では、ひとまず、このひどい状態からの改善を図るとの共通の目標を持つことができた。何しろ、アユどころか他のどんな魚も棲めないし、水道水源としても使えない水が流れる川もあった時代だ。ひどい川の汚染から回復した今では、どのような川が望ましいか、それぞれの地域で具体的に議論することが必要になる。

ダムとの付き合いも同じだ。一つ一つの事業について、是非を判断しなければならない。原則論から、個々の事例を判断しても議論は実を結ばない。ダム事業からの撤退を、世界の潮流だからとして後押しすることも、日本の自然環境の特殊さを強調し、ダムなしではやっていけないとする主張も、どちらも馬鹿げたものだと思う。

ダムの環境影響を調べていくうちに、自然だけではなく、自然に依存している私たちの生活も社会も影響を受けることがわかってきた。目にみえない心の問題もあるし、現実的なお金の話も避けて通れない。なかなか大変な勉強になるだろう。

第1章　ダム、ダム湖とは何か？

私がダムの環境影響の研究を始めたのは、十年ほど前からだ。熊本県の球磨川《くまがわ》の支流・川辺川《かわべがわ》のダム建設計画がきっかけだった。その前は、長良川河口堰《ながらがわかこうぜき》（三重県）を調べ、もっと前は、東海地方に多いため池を研究していた。ダム湖、堰《せき》の湛水域《たんすいいき》、ため池、いずれも人が造った水たまりだが、天然の湖とどう違うのだろうか。本格的な議論に入る前に、ダム湖やその仲間についての基礎的な知識を整理しておこう。

ダムとダム湖

ダムとは、土やコンクリートで造られた堤のことだ。ダムによりせき止められた川の流れは止まり、人工の湖ができる。これがダム湖だ。日本では貯水池、中国では水庫とも呼ぶ。どちらも、水をためるダム湖の機能が良く理解できる名前だ。景色の良い所に造られたダム湖には、天然湖のような名前がつけられることもある。奥只見《おくただみ》ダム湖（福島・新潟県）は、昔の地名にちなんだ銀山湖《ぎんざんこ》の愛称を持つ。バス釣りで有名だ。

コンクリート・ダム（下筌ダム：筑後川・熊本県）

図 1-1　様々なダムとダムの仲間の人工湖

ダムの材質や形は様々だ（図1-1）。コンクリート造りのダムが主流だが、水の圧力を支えるために湾曲したアーチ・ダムや、堤を支えるための壁や支柱を備えたバットレス・ダムなど、おもしろい形のものもある。岩屑で造ったロックフィル・ダムや、土で造ったアース・ダムもある。ロックフィル・ダムなど、粗い岩でできている外観をみると水が漏れそうだが、堤の内

ロックフィル・ダム（岩屋ダム：馬瀬（まぜ）川・岐阜県）

堰（遠賀（おんが）川河口堰：遠賀川・福岡県）

ため池（猫ヶ洞池：愛知県）

部は、水を通さない粘土などの緻密な材質でできている。

多目的ダム

形や材質だけではなく、使用する目的により、ダムを分類することもある。ダムは、洪水調整、水力発電、上水道や農工業用水の水源確保などのために造られる。一つのダムで、複数の機能を果たすものを多目的ダムと呼ぶ。敗戦後、盛んに造られるようになったダムはこれだ。一九五七(昭和三二)年の多目的ダム法の制定が、建設を後押しした。後で詳しく話すことになるが、大規模多目的ダムが、日本の水資源開発を大きく進め、戦後の経済的繁栄をもたらしたとともに、国や自治体の財政を圧迫する元凶の一つともなった。

ダム湖と天然湖

ダム湖は、自然の改変が人の生活を豊かにすると信じる側にとっては、新たに人の力で創出された望ましい景観だ。一方、ダムが川の自然を破壊するとみなす側からすれば、川の途中にあってはならない不自然な人工の水たまりだ。しかし、ダム湖のコンクリートの堤の上ではなく、川が流れ込む入り江に立てば、ちょっと目には、そこが天然湖であるのか人工のダム湖であるのか、すぐにはわからないかもしれない。視野は湖面の水と緑の木陰に覆われ、人の手を感じさせるものは何もみえない。

科学の目でみても、ダム湖と天然湖とは違うのかとの問いに答えることは難しい。それぞれの頭に浮かぶ空間と時間の規模によって、その答えは異なる。例えば、一㎥の水の中での、プランクトンなど生物と水環境の相互関係を考えれば、天然湖とダム湖で起こっていることに違いはない。ダム湖か天然湖かの違いよりも、むしろ、水の中に含まれている窒素やリンなどの栄養分の濃度の差が、生物と環境の特徴に明瞭に現れる。

一方、栄養分の流入や移動、消費について、湖全体で、また、湖に水が集まる範囲の陸域も視野に入れて考えようとすれば、天然湖とダム湖とは、全く別物として考えるほうが都合が良いこともある。時間的にも、大雨などの不規則な気象条件への反応を考えると、天然湖とダム湖は異なる。ダム湖にみられるプランクトンの種類組成の年間の変化は、天然湖のそれと良く似ている。しかし大雨の後では、ダム湖は川と化し、今までの天然湖との共通性は、たちまち解消してしまう。

ダム湖の特徴

天然湖と比較したダム湖の特徴、特に、川への環境影響を考える際、ぜひ知っておくべきそれらが、いくつかある。第一は、湖の大きさ（湖面積）と、湖水が集まる陸域（集水域）の広さの関係だ。湖の容量との比がより重要だが、湖面積との比較がわかりやすいだろう。

日本最大の天然湖、琵琶湖《びわこ》（滋賀県）の集水域面積と湖面積の比は約六倍に過ぎないが、わが国で最大の貯水量のダム湖、奥只見ダム湖（福島・新潟県）のそれは三二五を超える。つまり、ダム湖は天然湖よりも、ずっと広い範囲から水を集めるのが普通だ（図1-2）。水とともに、土砂や栄養分も多量にダム湖に流れ込む。周りに汚染源がないようにみえる深山の中のダム湖でもプランクトンが大発生するのは、広い範囲から集められた栄養分が引き起こすことだ。また、ダム湖が天然湖と違い、比較的短い期間に埋まってしまうのも、多量に流れ込む土砂のためだ。

図1-2　5万分の1地形図（田沢湖、森吉山）にみる天然湖（田沢湖）と鎧畑《よろいはた》ダム湖（秋扇湖）

図中の太い線で囲んだ範囲が湖と、その湖が水を集める範囲（集水域）を示す。田沢湖よりもはるかに湖面積の小さい鎧畑ダム湖でも、田沢湖に匹敵する面積から水が集まっていることがわかる。

湖の形は、田沢湖が丸い単純な形であるのに対して、鎧畑ダム湖では、ダムで水没する以前の川に沿った細長い形をしている。村上(2010)より転載。

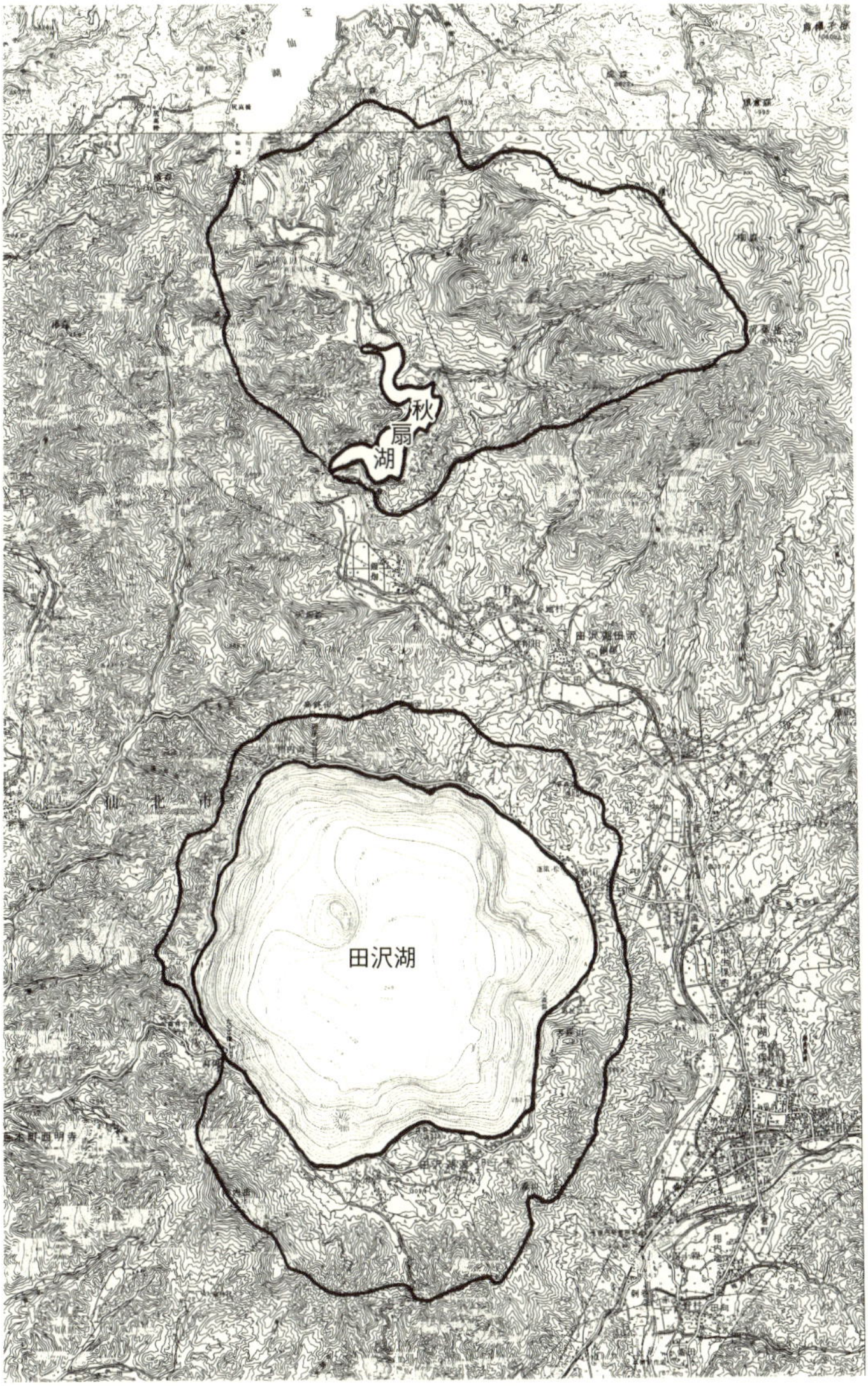
秋扇湖
田沢湖

天然湖とダム湖では、水の流れ方が違う。

第二の特徴は、ダム湖の水が湖底の深いところから放流されることだ。例えば、琵琶湖は宇《う》治川《じがわ》から、また、諏訪湖《すわこ》（長野県）は天竜川《てんりゅうがわ》から、湖の表面の水が流れ出すが、ダム湖では底から水を出すのが普通だ。湖底の水は冷たく、また、水面から沈んできたり底から巻き上がったりした粘土などにより濁っている。ダムの下流の川へ、冷たい、濁った水が流れ出すのはこのためだ。下流への影響だけではなく、湖の中の水の動きを考える場合も、水が流れ出す深さは重要な問題となる。

第三の特徴は、ダム湖の水位の変化だ。大雨の時に洪水をためたり、発電のために水を落としたり、天候や人の水利用の都合で、ダム湖の水の深さは大きく変化する。貯水池の湖岸には、水草も陸上の草も生えていないことが多い。安定した水深ではないため、どちらの植物も生育することができないのだ。

ダム湖化する天然湖

これら三つの特徴のほかにも、細かくみるとダム湖と天然湖の違いはたくさんある。一方、現在の日本の天然湖でも、人の利用のために、ダム湖の特徴の一部が現れることもある。例えば、青木湖《あおきこ》（長野県）の水は、水力発電に使われるために、冬の間、著しく水位が下がる。岸辺に繁茂していた水草は干上がり、冷たい風に当たり死滅する。琵琶湖も、湖水が流れ出す宇治川に流れる水の量を制御する堰が造られており、人の都合により水位が変わる。夏の梅雨や台風の水をため、下流の川があふれないように、これらの時期、琵琶湖の水位はあらかじめ低く下げられる。魚の産卵場所であり、稚魚のすみかであるヨシ原は干上がってしまう。

ダム湖の分類

天然湖はその大きさや深さにより、水の性質や棲んでいる生物の種類が異なる。大きく深い湖では、広く開放的な湖面を利用できるプランクトンや魚が主要な生物だ。一方、浅く狭い沼では水草がはびこり、そこをすみかとする水生昆虫の種類が多い。ダム湖もその大きさにより性質が異なるが、さらに、水が入れ替わる速度も重要になる。

ダム湖の水の容積（㎥）を一日に流入する水の量（㎥／日）で割った値を「滞留日数（日）」と呼ぶ。計算上、入った水が何日間ダム湖にとどまるかを知る目安だ。琵琶湖のような大型の天然湖は、滞留日数は年単位の値になる。一般に、滞留日数が長いダム湖ほど天然の湖に近い環境になり、短いダム湖は川の性格を強く持つようになる。滞留日数が数日の後者のダムは、「流れダム湖」と呼ばれることもある。

ダムの環境影響を考える際、堤の材質や形はあまり重要ではないことが多い。一方、運用の方法、例えば、水を抜く深さだとか、水位の変化の周期は、ダム湖内や下流の河川の水温や水質に強く影響を及ぼす。

ダム湖の仲間の人工湖

「河川管理施設等構造令」と呼ばれる政令、つまりダムや堤防などの河川に必要な構造物の定義を示す法規によれば、ダムとは一五m以上の高さの堤を持つ構築物だ。それ以下の高さの堤は、いくら長大な規模のものであっても、堰と呼ばれる（図1-1）。利根川《とねがわ》（茨城・千葉県）や長良川（三重県）、淀川《よどがわ》（大阪府）の河口に造られ、河川を横断する構築物は、いずれも堤の高さが低い堰の仲間だ。

農業用水を取り入れる堰は、頭首工とも呼ばれる。例えば、愛知県の木曽川《きそがわ》下流に造られた利水施設は、木曽川大堰と馬飼《まがい》頭首工の二つの名前を持つ。法律的な分類では、ダムと堰の区別は明確だが、構築物の上流の水域で起こることには共通性が多い。特に、滞留日数の短い流れダム湖と似た現象がみられる。しかし、河口に造られる大型の堰には、利根川河口堰のように、海からの塩分が入れられることもあり、そのような堰の上流の環境は特殊なものとなる。

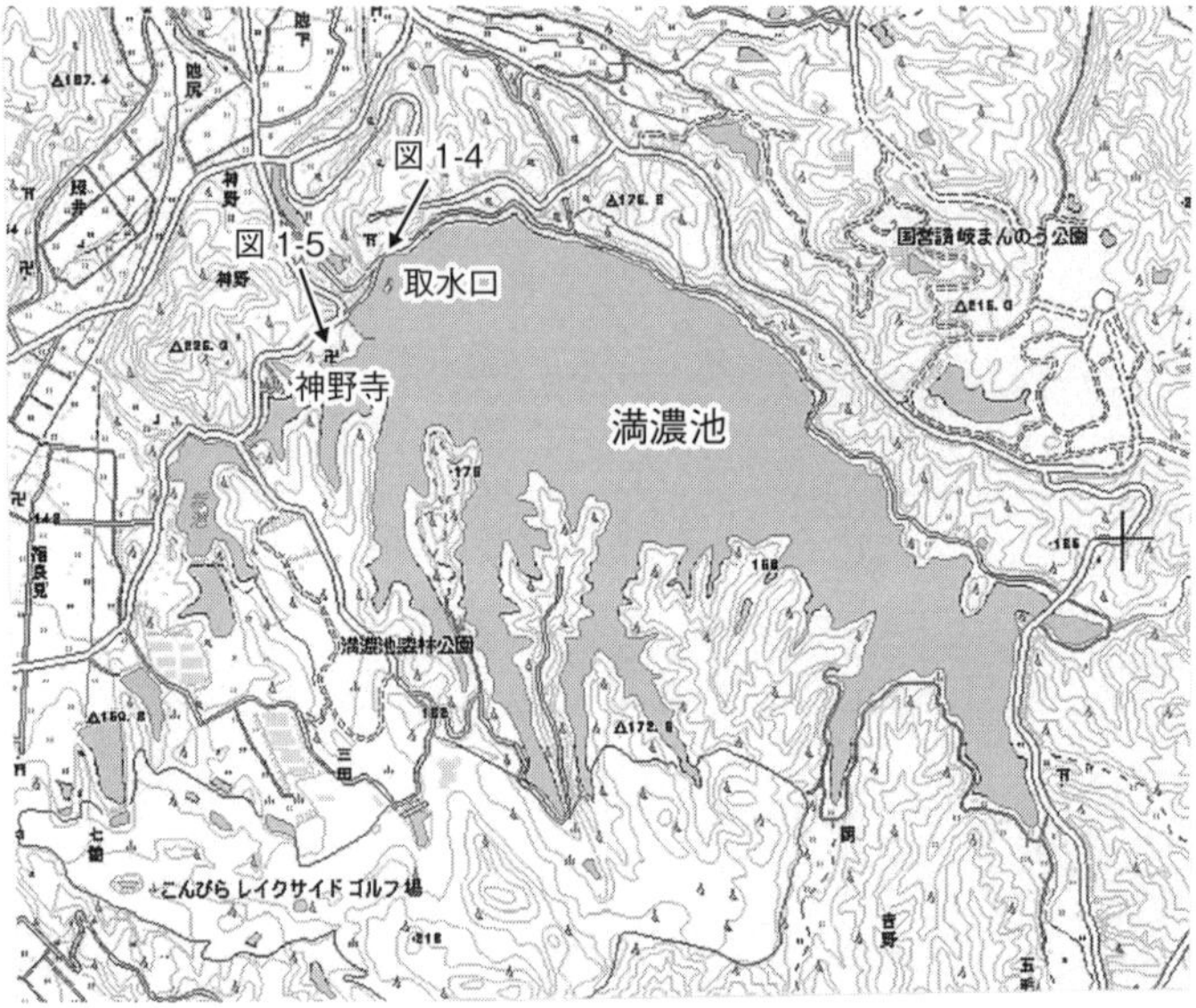

図 1-3　満濃池の地形図（2 万 5000 分の 1 地形図・善通寺）
堤は、北西に築かれている。南の深く切れ込んだ入り江は、かつての谷が水没した跡。矢印は、図 1-4、1-5 の撮影位置を示す。

図 1-4　満濃池の取水口付近
満濃池は、香川県にある日本で最も古いダム湖の一つ。

図1-5　弘法大師を祀る神野寺（かんのじ）

東海地方から西に多い農業用のため池もダム湖の一種だ（図1-1）。大小の違いはあるものの、ダム湖もため池も、英語表記はreservoir（リザバー）だ。平安時代に弘法大師が造ったとの言い伝えがある満濃池《まんのういけ》（香川県）は三二mの高さの土の堤でせき止められた古いダム湖だ（図1-3〜1-5）。しかし、小型のため池では、雨水や細々とした小川が水の供給源であるため、計算上の滞留日数は著しく長くなり、大型のダム湖とは別の環境と考えたほうが良いこともある。

本書で扱うダム

砂防ダム、治山《ちさん》ダムと呼ばれる構築物がある。これらは、ダムの名がついてはいるが、水をためる機能はなく、土砂災害を防ぐための施設だ。砂防ダムにも、様々な環境上の問題があるが、貯水ダムのそれとは区別して扱うべきだろう。

自然の働きにより造られた水たまりも、ダム湖と呼ばれることがある。地震や噴火、豪雨の際、土砂崩れなどが川をせき止めて水がたまると、「天然ダム」や「土砂ダム」ができたと報道される。関東大震災が造った神奈川県の震生湖《しんせいこ》もその一例だ。小規模なものでは、ビーバーが木の枝を積み上げて造った堤も、ダムと呼ばれる。本来、ダムという言葉に人工の物との概念は含まれていないため、これらのような用語の使い方も誤りではないが、避けたほうが混乱しないだろう。人工物であることを特に強調する場合は、人工湖（man-made lake：マンメイド・レイク）の用語を使うと紛れがない。

この本では、法律上定義されたダム、つまり材質や形にかかわらず、人の手で造られた堤の高さ一五m以上の施設のみを「ダム」として議論を進めよう。法律に倣うわけではなく、湖内の水の様子や下流への影響を科学的に考える際、便利な定義でもあるからだ。

第2章

ダム問題とは何か？

この本では、ダムが川の環境と生物へ及ぼす影響を中心に解説する。本の内容を絞り込むことは、著者の専門性や、本の分量から仕方のないことだが、反面、問題の全体像を見誤らせることもある。ダムを造ることの是非は、環境影響だけで判断できるものではない。

そこで、ダムの建設が、自然と人の社会に及ぼす影響と、議論の争点をざっと整理しておこう。ダムの計画から、建設、運用の各時期に、どのような不都合が起こるのだろうか。治水、利水など、人の生活を豊かに、安全にするはずのダム建設について、どうして異議が申し立てられているのだろうか。

ダムができるまで

ダム建設が決まれば、上流の、将来のダム湖の水面の高さより低い土地は水没することになる。ダム湖に沈む土地から住民は出ていかなければならない。「土地収用法」は、公共の目的のためには、私有の権利が制限されることを認めている。ダム水没地の移転問題だ。都会でも、道路を通すなどの都合から、引っ越しを余儀なくされることもあるが、ダムが造られるような場所では、自宅を移転するだけでは済まず、生活全体が変わってしまう。地域生活の場であり、職場でもあった山や畑も、自宅とともに水没するためだ。水没予定地の橋や道路などは付け替えが必要だ。

当然、代わりの土地の提供や、金銭的な補償もされる。しかし、円満な補償交渉で土地を明け渡すのと、土地収用法によって取り上げられるのとでは土地の代価はずいぶん違う。一九六〇年代に筑後川《ちくごがわ》上流（熊本県）に造られた下筌《しもうけ》ダムの水没移転問題では、移転補償費一八一万円が提示されたが話はまとまらず、交渉決裂後の強制収用では六万八千円の補償と決まり、二〇分の一以下になってしまった例もある。権利を主張して徹底的に戦うか、どこかで折り合いをつけるかを巡って、地域の社会が割れてしまう。学校、祭、墓などの地域の心と文化を支えていたものはすべて水の底に消える。代替は不可能だ。

また、ダムの建設計画から完成までは時間がかかる。その間、社会の状況が変わり、計画が変更されることもある。公共の利益のために、土地を離れる苦しい決断をしたものの、計画は進まず、一〇年以上も宙ぶらりんのままにされている建設予定地の人たちもいる。

ダムの建設

建設の環境影響は、ダムが造られる場所だけに限られるわけではない。ダムが造られるのは、山奥の深い谷だ。工事現場まで機材を運ぶ道路が必要になる。道路の開通により一帯の気象が変わり、周囲の森林に枯死などの影響が出る。けもの道を横切るようだと、哺乳類の分布や行動が変わる。また、開削された土砂が谷へ流れ込み、水を濁らせることもある。

堤を造るコンクリートに混ぜる砕石は、工事現場の近くで採集される。原石山と呼ばれる場所がそれだ。工事の規模によっては、一つの山が消えてなくなるほどの量が必要になる。工事現場の近くに、ワシ・タカ類（猛禽類《もうきん》）の営巣地などの貴重な環境が含まれていると、特に世間の注目を浴びる。日本では、猛禽類の多くが絶滅に追い込まれつつあり、また熱烈な鳥好きもいる。しかし、それだけが理由ではない。生物のピラミッドの頂点にいる猛禽類の生活を支える環境全体が影響を受けることが、象徴的に示されるからだ。肉食の猛禽類が狩りをする範囲は意外に広く、全く影響を避けることは難しい。

ダムができてから

源や途中に湖がある川は、日本では希だ。湖と川は、同じ淡水域に分類されても、水環境や生息する生物の種類や生活が全く違う。この本では、川の流れの途中に人工的にできた湖が、川全体をどう変えたかを中心に解説することになる。ダムから出る冷たく、濁った水や、それが引き起こす様々な生物への障害は、農業やアユなどの水産資源の被害として、五〇年以上も

ダムの恩恵を享受するのは都会ばかりだ。

前から知られている。上水道の水源として使うダム湖にプランクトンが発生し、飲み水に味や臭いがつく問題も生じている。

ダムの周辺の人の社会も変わる。上水道や農業、工業用水の安定した水源が確保され、電力も生み出される。だが、ダムが建設された現地の社会が、それらの恩恵のすべてを享受するわけではない。水も電力も、消費するのは遠く離れた都会だ。地元に残されるのは、大きな人工の湖と、それが観光資源として使えるかもしれないという漠とした期待だ。

希にしかないことだが、ダム貯水による地震の誘発や、万が一起こるかもしれないダムの決壊事故に対する不安感とともに、ずっと暮らしていかなければならないのだ。いや、ずっとではないかもしれない。ダムのコンクリートはやがて劣化しもろくなり、ダム湖は土砂で埋まる。大掛かりな補修や古くなったダムの撤去も、現実の問題になりつつある。

治水を巡る争点——ダムと基本高水量

大量に降った雨を、一時貯留し、下流部の水位が上がることを防ぐのが、治水《ちすい》上のダムの役割だ。もちろん、堤防を強く高くしたり、ダム以外の水をためる場所、例えば中下流に遊水地と呼ばれる一時的に水があふれる用地を確保したりすることも対策としては有効だ。しかし、堤防強化については、いったん破堤した場合、高い堤防ほど被害がひどくなる恐れがある。溢れた水の勢いが強くなるからだ。洪水の被害は、水に浸かることよりも、勢いのついた水の破壊力のほうがより深刻だ。また、土地の利用が進んだ中下流部では、安価に広い遊水地を得ることが難しいなどの理由で、ダムに頼る治水が主流になっている。

計画を巡る議論では、ダムなしでは、洪水が避けられないかどうかが争点となる。治水計画を立てる場合、まず、何年に一度の洪水に対応するかの目標を設定する必要がある。これは、確率で示される。「治水安全度五〇分の一」という計画は、五〇年に一度の規模の大出水にも耐えられる川にすることだ。次に、どれくらいの量の雨が降れば、流量がどれだけになり、どの程度川の水位が上がるかをあらかじめ予想する。これを「基本高水量」と呼ぶ。堤防を越えるほどの規模ならば、ダムで、下流に流れる水量を調整する必要がある。

言葉で書いてしまえば簡単なことだが、過去の洪水を起こした雨の降り方はそれぞれ異なるし、地質や傾斜により雨水が川に流出する割合も違う。同じ流量であっても、川底の凹凸の具合で、水位は異なる。実測できる流量も、恐ろしく誤差が大きい。基本高水量は、たくさんの仮定に基づいて決められているのが実態だ。したがって、ダムを造る側が、基本高水量を意図的に高く設定することで、建設の正当性の根拠としているのではないかとの疑問が当然出てくるわけだ。

机上の研究の世界と異なり、現場ではすべてがわかるまで事業を待つわけにはいかない。不確実な点があっても、当面の取り決めとして、関係者との調整で合意を得、状況に応じて変更を加えながら計画を進めていければ問題はない。ところが、基本高水量が数字として決定されると、それが確固たる根拠を持つもののように、変更や見直しが不可能になる。長野県の脱ダム、つまりダムに頼らない治水政策への転換は、この基本高水量が適切であったかどうかを巡る浅川《あさかわ》ダム問題が契機だった。耳慣れない基本高水量という土木用語は、長野県では、子どもでも知るようになるほど、繰り返し報道された。この基本高水量の問題は、八ッ場《やんば》ダム（群馬県）、川辺川ダム（熊本県）などでも争点となっている。

緑のダムの効果と限界

ダムの代替策の一つの緑のダムも、基本高水量の考え方と関係がある。緑のダムとは森林のことだ。大雨の際、森林が水をためる保水力の効果を高く見積もれば、降雨後の水位上昇は、基本高水量で判断されるそれよりも低く抑えられる。多くのダム計画が立てられた敗戦直後は、森林が荒廃し、著しく保水力が低下していたと考えられる。台風の襲来により洪水の被害が続出した。しかし、敗戦後の荒れ果てた森林は回復しつつあり、保水力も増しているはずだ。その効果を考えれば、過去に設定された基本高水量は、過大であるかもしれない。

一方、緑のダムにも限界がある。水を十分に吸い込んだ森林は、それ以上の保水力は期待できない。つまり、長時間続く大雨には、緑のダムは無力だ。基本高水量にあやふやさがあるように、森林の保水力も、数字として効果を表すことは未だ難しい。熊本県の川辺川や、徳島県の吉野川《よしのがわ》では、市民団体の力で、実際に保水効果を検討することが試みられた。

利水を巡る争点――水余りか水不足か

私たちは、一日一人当たり二〇〇〜三〇〇リットルの水道水を使用している。明治時代の給水量が、一日一人当たり約九〇リットルだったことと比較すれば、大変な消費量の増加だ。もちろん、工業用水の利用も飛躍的に増えている。しかし、近年、人口増加は止まり、工場でも水を繰り返し使うことが当たり前になった。では、これ以上、新しい水源を得るためにダムを造る必要がなくなったのか。これに対しても、二つの考え方が対立している。

一つは、現在の水供給は十分だとしても、先のことはわからない、治水の安全度を高めるように、利水のそれも、より厳しい渇水に備えるべきだとの主張だ。特に、地球の温暖化による長期的な少雨化傾向がその理由とされる。

一方、地球規模の温暖化と地域の降水量の変化との関係は明らかではなく、少雨化が進む傾向はないとの反論もある。また、水不足は、降水量の減少だけが原因ではなく、雨水が川に流出する割合の変化の調査や、水の配分の社会的な取り決めの改善が急務であるとの主張も説得力がある。

多くのダム建設を巡る議論の現場での課題は共通だ。「東の八ッ場（八ッ場ダム：群馬県）、西の川辺（川辺川ダム：熊本県）」と言われる東西日本の代表的なダム係争事件のいずれも、治水の効果や、利水の必要性を巡って対立が深刻となった。利水や治水の安全度がどの程度であれば適当なのかは、地域や時代、また、負担できる費用や、それにより影響を受ける自然の価値などにより異なる。どこにも通用する原則などはない。個別に納得できる合意点を探すしかない。

第3章　ダム湖の中で起こること

その1　水温と水質の特徴

球磨川《くまがわ》の支川・川辺川にダムを建設する計画に揺れる人吉《ひとよし》地方（熊本県）を最初に訪れたのは、二〇〇〇年の夏の終わりだった。地元の人たちは、ダムができると一尺（約三〇㎝）を超える「尺鮎《しゃくあゆ》」がとれなくなるのではないかと心配していた。すでにダムが造られていた球磨川本川の変化を目の当たりにしてきたからだ。

同じころ、ダムからの濁り水に悩む天竜川《てんりゅうがわ》（静岡県）の漁業協同組合の漁師とも付き合いが始まった。だが、すぐにアユや川の環境の問題に手をつけることはできなかった。元凶となるダム湖の中で何が起こっているかを知ることが、その前に必要だった。

ダム湖の湖岸に立って水面を眺めているだけでは、ダム湖の中で何が起きているかを知ることは難しい。ボートに乗って、ダム湖の水の中

図 3-1　ダム湖の観測（市房ダム湖：球磨川・熊本県）

で何が起きているか観測する必要がある（図3－1）。天然湖と共通の出来事もあるし、少し似た現象も、また全く違ったことも起きている。まずは、ダム湖の中の、水温や水質などの分布の特徴について説明しよう。この特徴がダム湖内の生物の生活を決め、ダム下流の生物に影響を及ぼすのだ。

成層

今から五〇年くらい昔の子どもの手伝いの一つは風呂焚きだった。新聞紙に火をつけて、まず、細い小枝を燃やし、次に太い薪に燃え移らせる。湿った薪は切り口から水が染み出て、煙は盛大に出るが、なかなか炎は上がらない。順調に火がついても風呂焚きは終わりではない。風呂桶の水の表面は熱くなっても、底の水は冷たい。よくかき混ぜて、全層を四〇℃ほどの入浴に適当な水温にしなければならない。水温の高い水は比重が軽く、冷たい水は重い。二〇℃の水は、三〇℃の水に比べると〇・二六％ほど比重が大きい。わずかな差に思えるかもしれないが、かき混ぜる力が外部から加わらないと混じらないのだ。

湖でも同じだ。春の太陽によって温まった湖の表面の水は軽く、湖底の重たく冷たい水とは混じり合わない。水温の差は、夏ともなれば、さらに大きくなる。表面の水は、三〇℃に達す

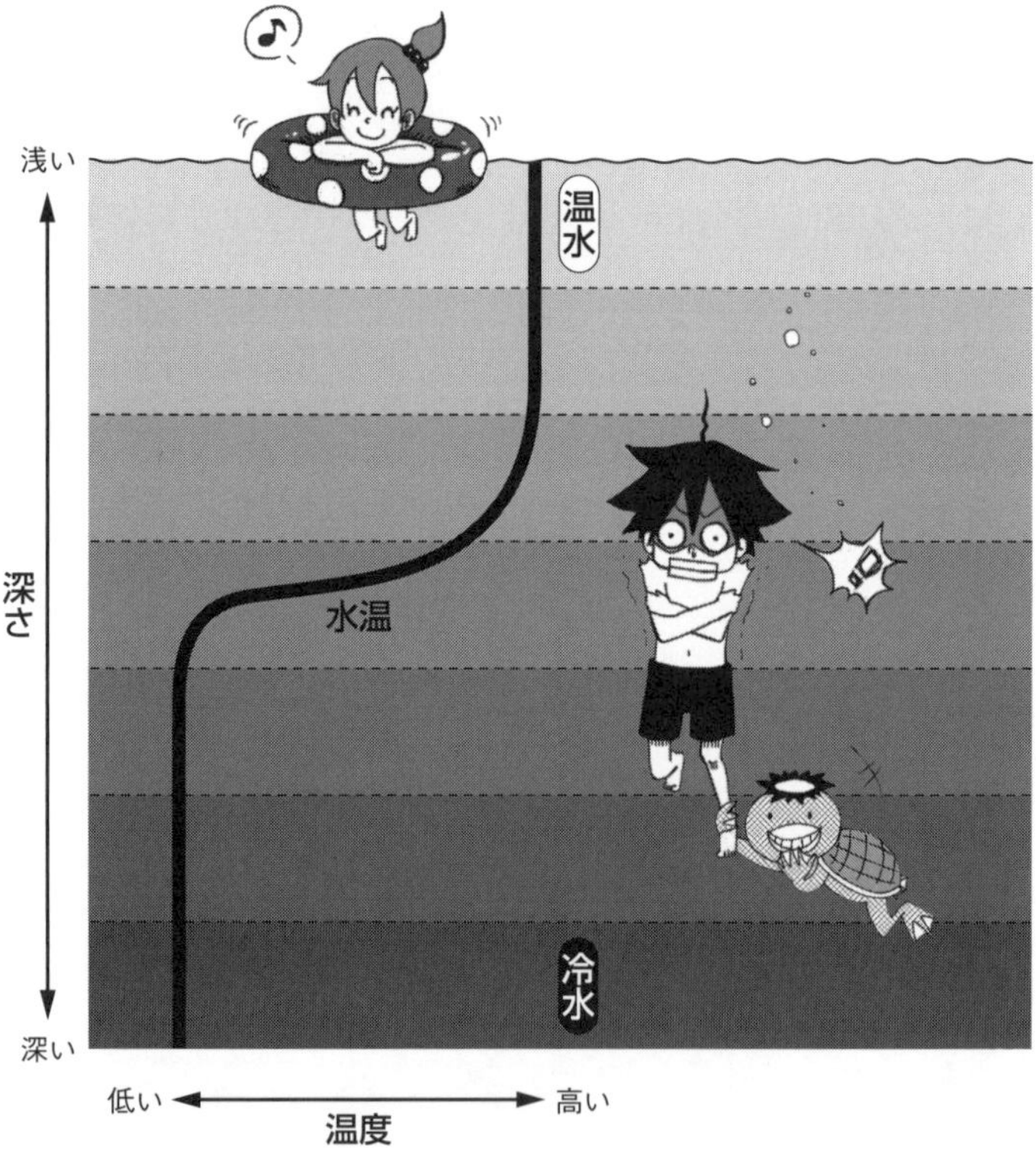

湖の深いところでは、急に水温が低くなる（水温成層）。

るほど温まっても、底の水は、四℃ほどの低い水温のままのこともある。夏休みの池や湖の事故の原因の一つがこれだ。池で泳いでいるとき、温かい水の層から冷たい層に突然入り込むと、足の痙攣《けいれん》や、さらに悪いことには心臓麻痺《まひ》を起こすこともある。昔は、河童に引き込まれたと信じられていたが、実は、池の水温差が真犯人だったのだ。流れによって水がかき混ぜられる川では、深さによる水温差ができることはない。

混じり合わない二つの水の層ができることを「成層現象」、二つの水の層の境を「水温躍層」と呼ぶ。躍層より浅い湖水は、風や、水の流れ、また、太陽熱による対流などのためにかき混ぜられることがあるが、躍層より深い水は動かない。夏の間にできた水温差が解消するのは、強い風が吹くか、大雨により大量の水が流れ込むなど、外部からの強い力が働いたときだけだ。成層は、天然湖や大規模なダム湖に共通にみられる現象だ（図3-2）。しかし、小型の、貯

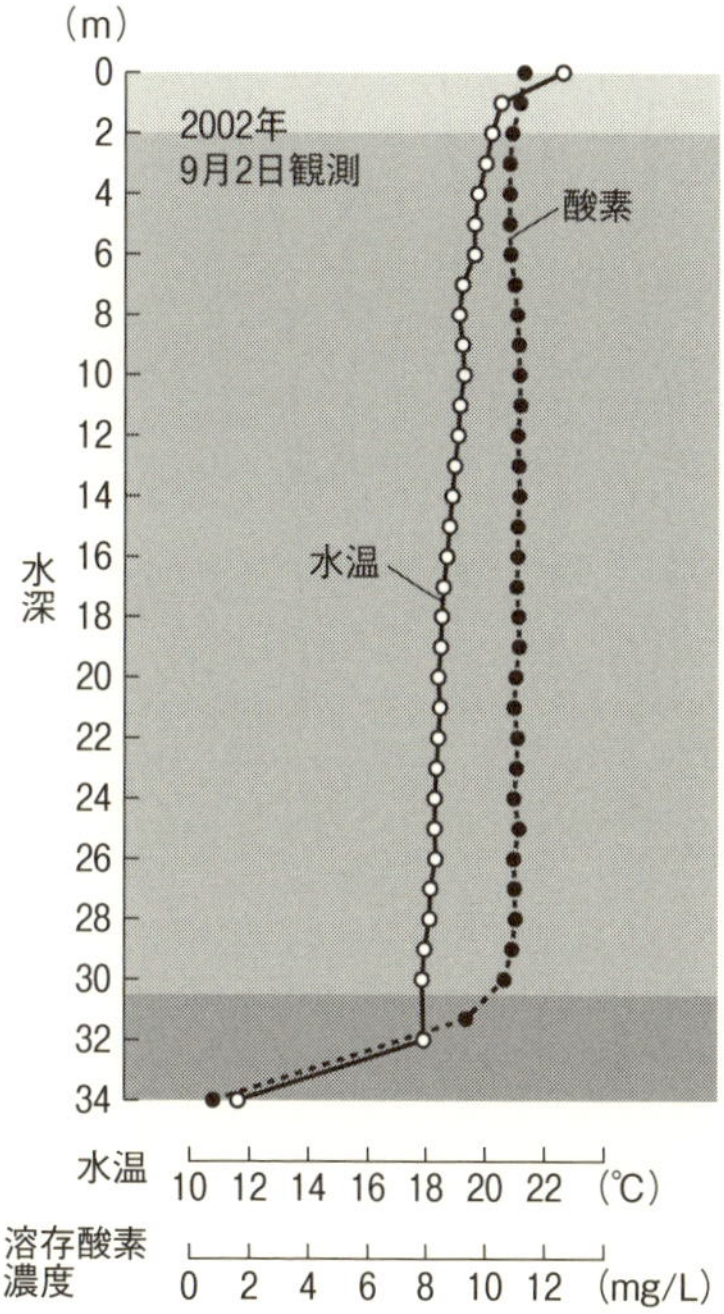

図 3-2　ダム湖の水温と酸素の鉛直分布（市房ダム湖：球磨川・熊本県）
表層と底層付近に水温が急変する二つの躍層がみられる。表層のそれは、日射しの強い日中だけにみられ、夜間に解消されることが多い。底層のそれは、季節が変わるか、異例の大雨がない限り秋まで維持される。ダム湖の底では、酸素はほとんどなくなる。

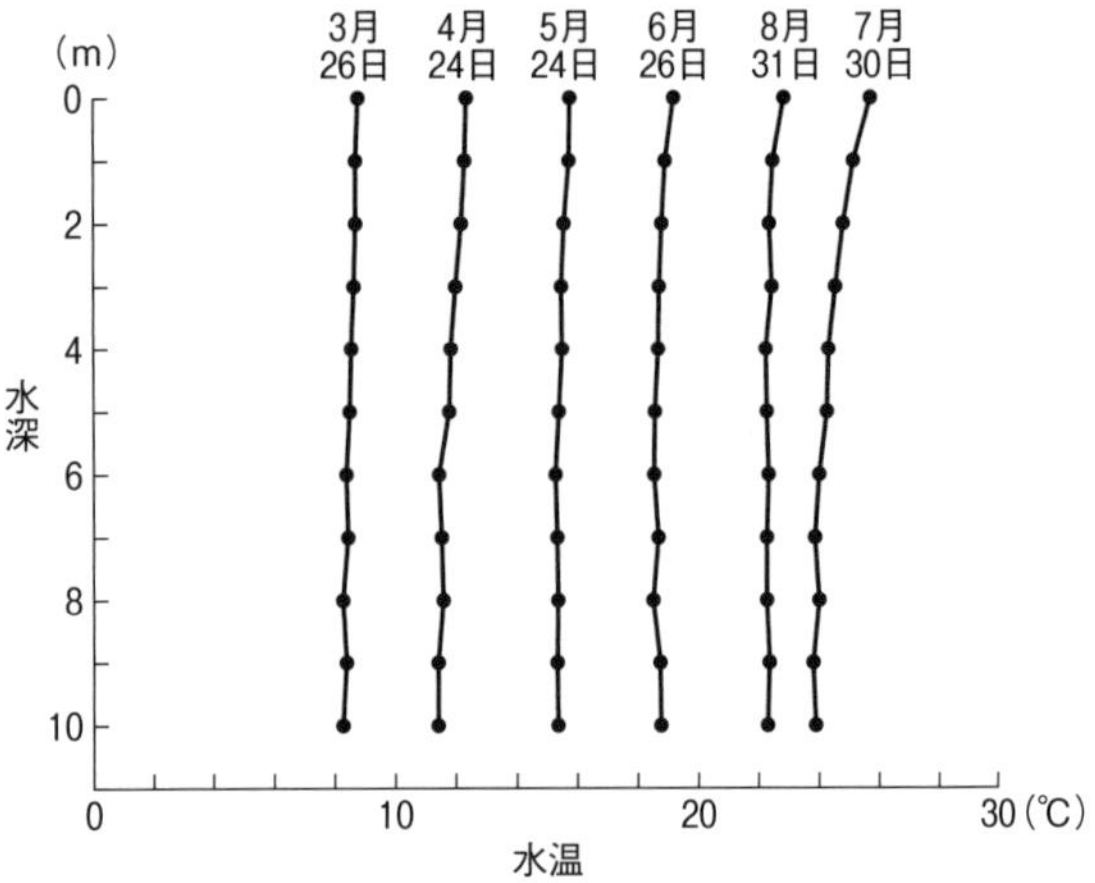

図3-3　成層ができないダム湖（船明《ふなぎら》ダム：天竜川・静岡県）
このダムの滞留日数は１日に満たない。小型で、水の入れ替わりが頻繁なダム湖では、水温成層現象はみられず、いつでも表層から底層までほぼ同じ水温だ。

水量の小さなダムでは、夏になっても、成層ができないこともある（図3-3）。日本では、滞留日数が一カ月程度の、つまり水の交換が年に一〇回程度以上あるダムでは、水温成層が発達しないと考えられている。水がしょっちゅう入れ替わるため、表層と底層の水温差が拡大しないためだ。また、ダム湖の中でも川のように流れが生じ、その力により、水がかき混ぜられるせいでもある。

ダム湖に入った水はどう流れる？

水温の異なった水は、混じり合わない。

では、流れ込んだ川の水は、ダム湖の中のどこを流れるのだろうか。表面か底か、どっちだろう。

流れ込んだ水は、その水と水温が同じ深さの層に沿って流れる。夏であれば渓流の水は、ダム湖の表面のそれよりも水温が低く、したがって重たい。しかし、春先に湖底にたまった水よりは暖かく軽い。流れ込んだ川水は、その中間の、流入水と同じ水温の層を、トンネルを通る汽車のように、流出口をめざして流れる（図3-4、3-5）。もちろん、完全に閉じた水のトンネルではなく、流れ込む水の一部は、表面の水と混じるし、水の中に含まれる砂や粘土も、ダム湖の中を流れながら、次第に底に沈澱する。それらの様子は一様ではなく、流れ込む水の勢いや量、また、水を受け入れるダム湖の形などによって決まる。

当たり前のことだが、流れ込んだ川の水は、湖底の傾斜に沿って、ダムの堤側、つまり川の下流側に流れる。逆に、表面の水はそれを補うように、上流側に向かって流れる。川の流れ込みから少し沖の湖水をみると、風もないのに、水の表面に浮いたごみや落ち葉が上流に向かって集まってくることで、その流れを知ることができる。肉眼ではみえないほど小さなプランクトンも流れ込み付近に集まり、水の色を変える。ダム湖でのプランクトン発生が最初に発見されるのもこの場所だ。

大雨が降ると川の水は濁るが、濁った川の水がダム湖の底のほうを流れると、ダム湖の表面は何事もなかったかのように澄んだ水のままだ。条件によっては、濁った水はダム湖の水でさほど薄められることもなく、放流口から下流に流出する。大雨の後でダムに観測に出かけると、ダム湖の表面の水は澄んでいるものの、ダムへの流入・流出水は濁っている奇妙な光景をみることがある。

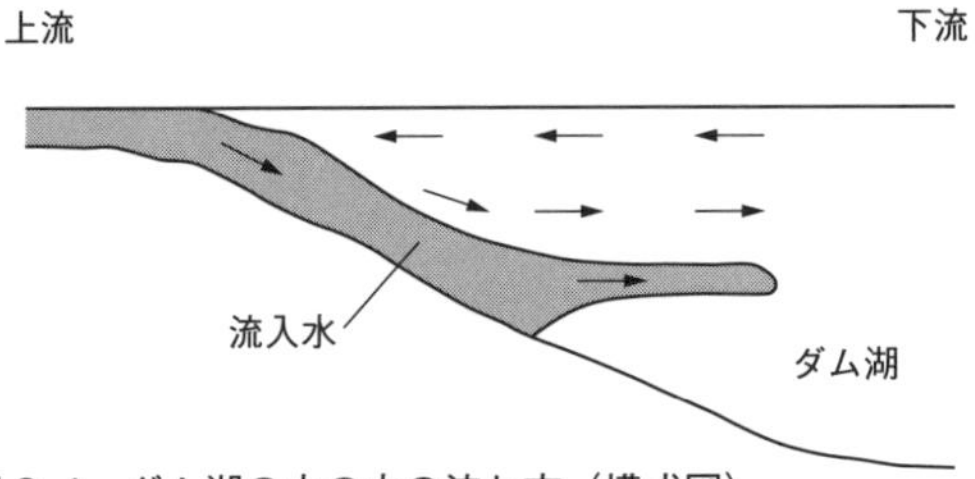

図 3-4　ダム湖の中の水の流れ方（模式図）
網を掛けたところが流入してきた水。矢印は水の流れの方向を示す。Thornton ほか（1980）を改変。

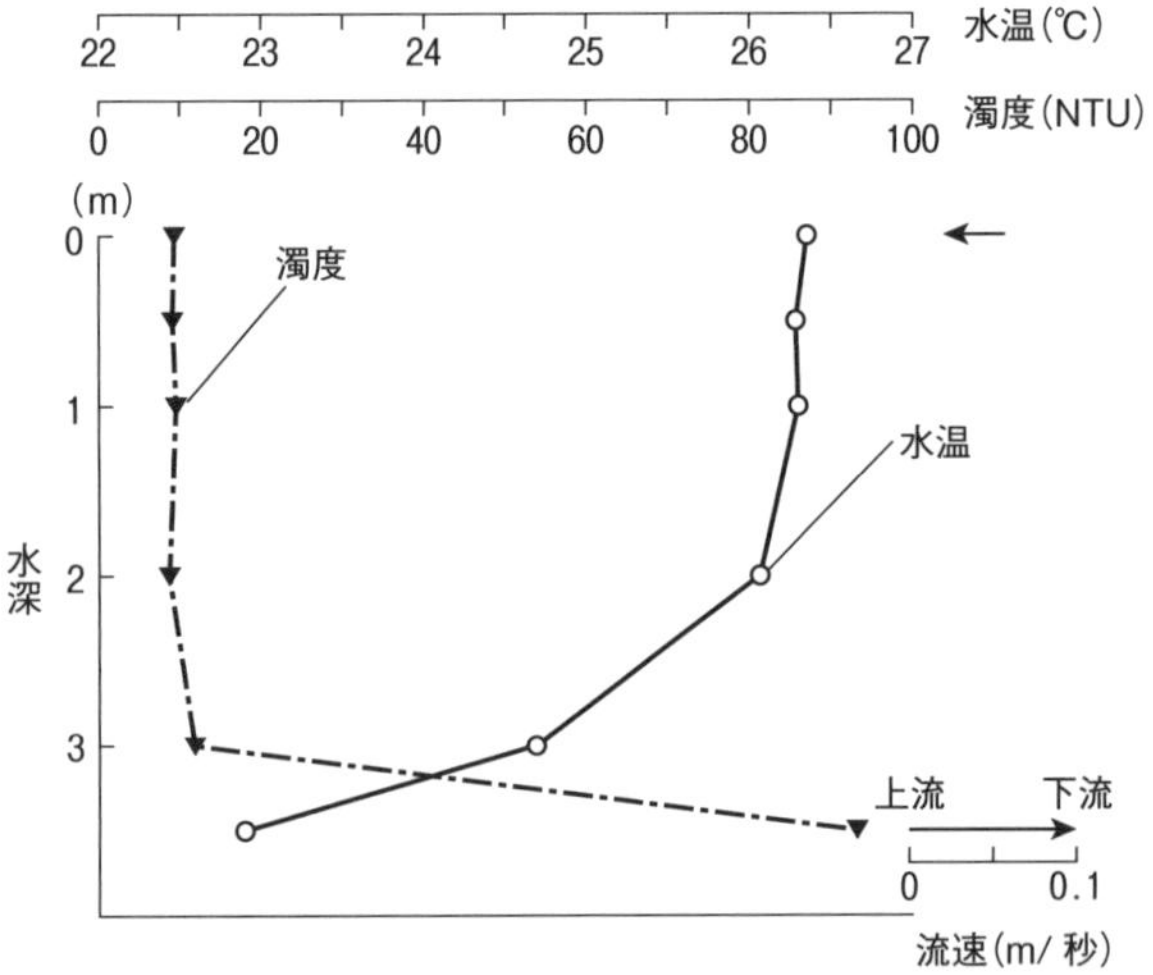

図 3-5　ダム湖流入口付近の水温と水の流れの観測例（市房ダム湖：球磨川・熊本県）
水温と濁りの鉛直分布と流速が示されている。流速は方向を矢印の向きで、速度を矢の長さで示した。23℃の水温の流入水は、それと水温が等しい３ｍの深さに潜り込み、約 0.1m/ 秒の速度で下流に流れる。水の表面では、反対向きの緩い流れが生じる。強い流れの底層では泥が巻き上がるが、湖の表面は澄んだままだ。

ダム湖の底

表面の水は頻繁に入れ替わるが、冬から春先にかけてダムの底にたまった冷たく重い水は、秋まで動かない。ダムの底には、ダム湖で発生したプランクトンの死骸や、川から流れ込んだ落ち葉が次第にたまっていく。こうした生物の体をつくっているタンパク質や脂肪、デンプンなどを有機物と呼ぶ。いずれも炭素を含み、熱を加えると燃えてしまい、二酸化炭素（炭酸ガス）を出す物質だ。有機物を壊すのは熱だけではなく、微生物の働きによっても分解される。湖底にたまった有機物は、次の反応で分解される。

$C_6H_{12}O_6$（有機物：ブドウ糖）＋ $6O_2$（酸素）⟶ $6CO_2$（二酸化炭素）＋ $6H_2O$（水）

有機物の種類は様々だが、簡単な構造を持つブドウ糖で代表させた。微生物の働きにより、プランクトンの遺骸や落ち葉の中の有機物は、やがて水と二酸化炭素に分解されてしまう。この反応を進める際に、酸素が使われることに注意する必要がある。計算では、両手のひらに乗る程度の一〇〇グラムの有機物を分解するためには、三〇〇リットルの容積の家庭用風呂桶一四杯ほどの量の水に含まれる酸素が必要になる。これは、一トン当たり一三グラム弱の酸素が含まれている四℃の水四・二トンに相当する。

ダム湖の水の表層では、酸素が使い尽くされても、大気や流れ込む川から補給される。しかし、躍層より深い位置の水には届かない。春先にたまった底の水の酸素は次第に減り、夏ころになると全くなくなってしまう。

水上から、深いところの水を汲み上げる道具（採水器）を使い、ダム湖の底の水を採集する。夏であれば、気温よりはるかに低い温度に冷えた採水器の表面には露が降り、みるみるうちに白く曇る。汲み上げた水には、ススのような黒い粒が混じっている。また、卵が腐ったような硫化水素の臭いがする。いずれも、酸素のない環境を示す特徴だ。

俗に「水が腐る」というのがこれだ。水自体が腐ることはないが、含まれている有機物が、酸素のないところで分解され、いやな臭いを出す物質が生産されるためだ。

栄養分や土砂の移動の妨げ

ダムは水とともに土砂もためる。粗い砂はダムに入った直後に沈澱する。細かいシルト（微砂）や粘土は、流れが緩くなったり止まったりする堤の近くにたまる。ダムの中にたまった土砂を「堆砂」と呼ぶ。土砂は、時を経るに従い、ダム湖の水をためる容量を次第に小さくしていく。つまり、ダムは埋められていく。ダムの管理上、困った問題だ。土砂がたまる速度は、主に、そのダムが水を集める地域の広さや地質によって決まる。もろい地盤の地域を通る川に造られたダム湖は、比較的早く埋まってしまう。その例の一つが泰阜《やすおか》ダム湖（天竜川：長野県）だ。一九三三（昭和八）年に造られたこのダム湖は、建設後約七〇年で貯水容量の八五％以上が土砂で埋まってしまった。

土砂とともに、目にみえない栄養分もダム湖にたまる。栄養分は、水に溶け込んだ形や濁りなどに付着した形で上流から流れ込む。例えば天竜川では、窒素の八〇％が水に溶けた形で供給されるが、リンではその割合は五〇％に過ぎず、残りは粘土などにくっついた形のものだ。粘土の一部はダム湖にたまるため、ダム湖は、特にリンをため込み、下流へ流さない。また、ダム湖で発生したプランクトンに取り込まれ、湖底に沈澱する量も無視できない。ダム湖にたまった栄養分は、洪水のときに湖水がかき回されて、一挙に下流に供給されることがある。

海の漁師はダムを嫌う。ダムは栄養分をため込み、海苔などの多量の栄養を必要とする水産資源の成長に悪影響を及ぼすし、一方、洪水ともなれば、ダムからの放流された栄養分のため、海ではプランクトンが大発生し赤潮状態になり、漁場を荒らすからだという。栄養不足による海苔の不作も、過剰な栄養供給により起こる赤潮のいずれもダムのせいだとする主張は、一見矛盾するように思えるかもしれない。しかし、ダムの栄養分のため込みと放出の機能から考えれば、起こっても不思議なことではない。

底から水が流れ出すダム湖

成層現象やそれにより引き起こされる湖底の酸素不足は、天然湖でもみられる現象だ。だが、天然湖では、冷たく、底泥を巻き上げて濁り、そして酸素不足の湖底の水は、下流に流れ出すことはない。下流に流れるのは、表面の水だ。しかし、ダム湖では、底から水が抜かれることに注意する必要がある。ダム下流の川の水温異常や長期間続く濁りは、ダム湖内の独特の水の動きや、操作により起こるのだ。下流への影響は後で述べるとし、次は、ダム湖の中の生物の活動について説明しよう。

第4章　ダム湖の中で起こること

その2　プランクトンの発生とその影響

古い歴史を持つ天然湖には、固有の生物が棲んでいる。琵琶湖《びわこ》のハスやオオナマズなどは、琵琶湖で進化し、本来、この湖だけにしか生息していなかったものだ。そんな特殊な生物に限らず、安定した環境の天然湖は、様々な生物の生息場所となっている。しかし、歴史が新しく、著しく水位が変化するなど、環境の変化の幅が大きいダム湖では、生物の種類は貧弱だ。上流から魚が入り込んだり、放流されたりすることもあるが、次の世代を残すことができる種類は限られる。

プランクトンは、肉眼ではみることができないほど小さな生物だが、ダム湖でも天然湖でも共通に生息している。プランクトンとは、「漂う者」を意味する。魚のように、自力で流れに逆らって移動する能力はなく、トンボの幼虫のヤゴのように水底を這い回ることもできない。止まった水でしか生きることができない生物だ。このプランクトンがダム湖の生物の世界の主役だ。

川辺川（熊本県）でのダム建設の影響を考えるために、すでに本川の球磨川で運用されていたダム湖の一つ、市房《いちふさ》ダムでの調査に取りかかった。このダムでは、藍藻《らんそう》類のプランクトンの大発生に驚かされた。俗に、「アオコ（青粉）」と呼ばれ、湖が緑に染まる現象だ。そんなことが起こるのは、周りに人がたくさん住んでいて、多量の栄養分が流れ込む池や湖だけの現象だと思い込んでいた。なぜ、人里離れた市房ダムで起こったのだろうか。

プランクトン（浮遊生物）とペリフィトン（付着生物）

緑色の色素（葉緑素）を持つプランクトン（浮遊生物）は、ミジンコなどの動物と区別し、植物プランクトンと呼ばれる。一〇〇分の一㎜から一〇分の一㎜の大きさの、水とほぼ比重の等しいそれらは、体を支える幹も枝もなしに、水に漂う生活をすることができる。機会があれば、茶色や緑に濁った池の水を顕微鏡でのぞいてみるといい（図4-1）。様々な形をしたそれらの仲間がみつかるはずだ。

一方、川では、プランクトンの生活はできない。流れる水は、浮遊する生物が、一定の場所に止まることを許さない。微小な生物は、粘液を出したり、細い糸のような柄をつくったりして、礫《れき》や水草などの基盤にくっつく（ペリフィトン：付着生物）。

傾斜がきつく、長さが短い日本の川では、プランクトンが発生することは希だ。川をダム湖に変えることは、止水に適したプランクトンの発生場所を、川の途中につくることだ。ダム湖は、大量のプランクトンを川に供給することになる。ダムの下流に、さらに水道の水をつくる浄水場に流れ込むプランクトンは、川の中の動物にも、私たちの生活にも大きな影響を及ぼす。

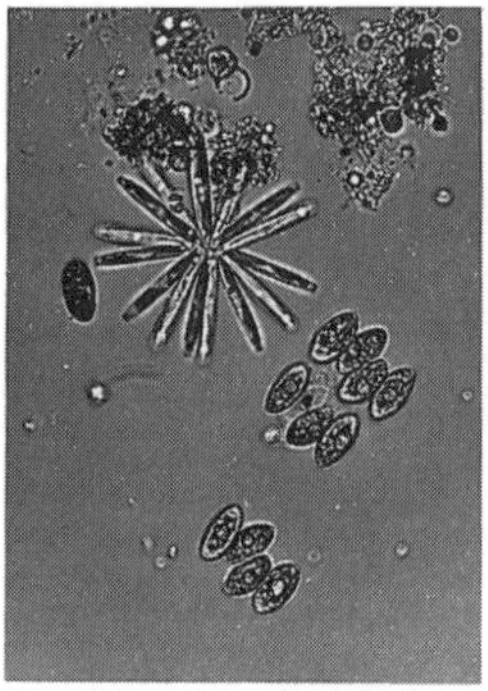

ホシガタケイソウの仲間（珪藻類、左上）とイカダモの仲間（緑藻類、右下）

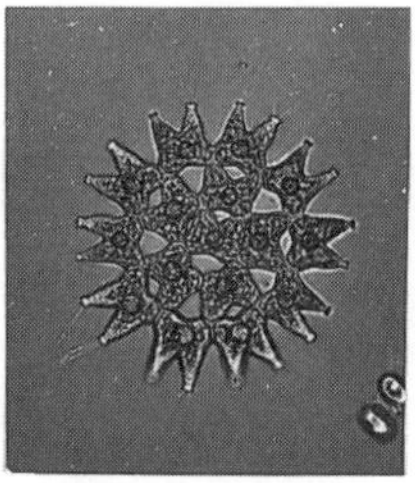

クンショウモの仲間（緑藻類）

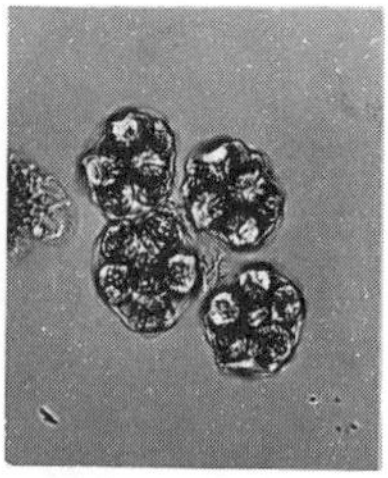

緑藻類の１種

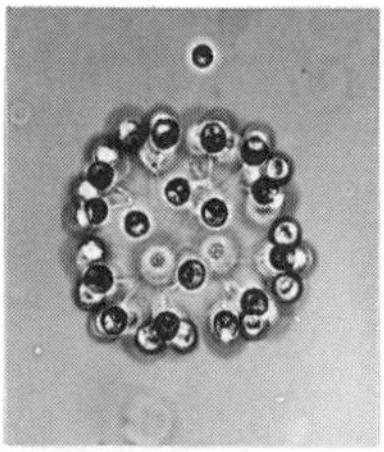

緑藻類の１種

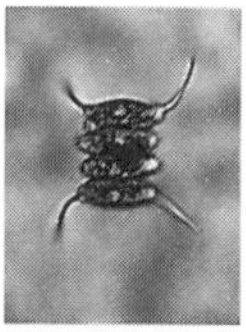

イカダモの仲間（緑藻類）

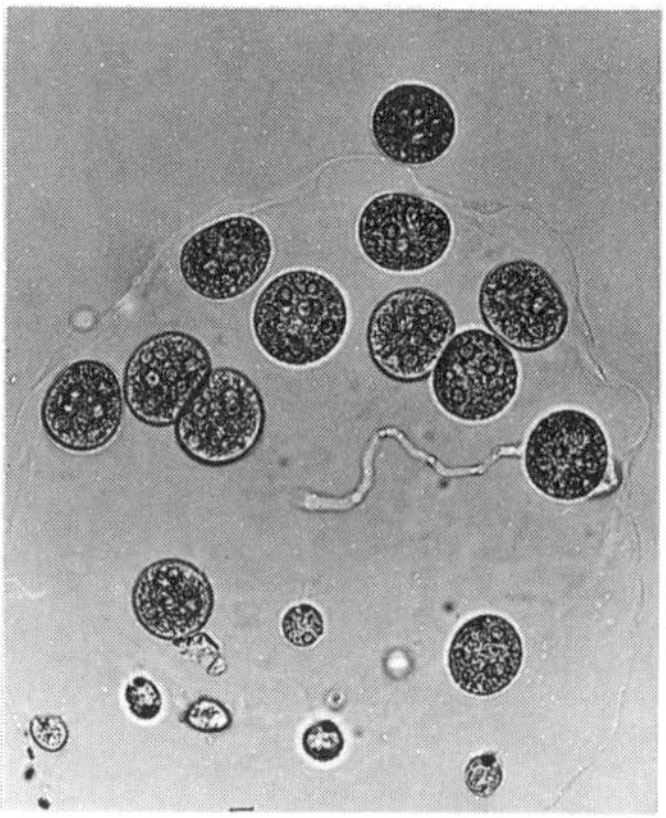

緑藻類の１種

50μm（1/20mm）

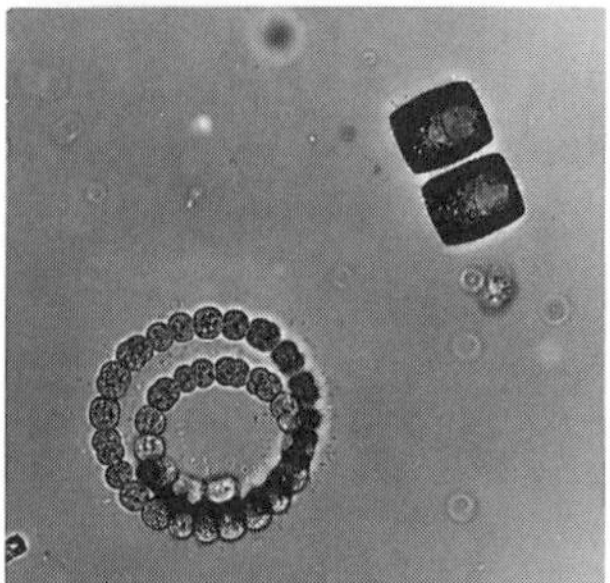

ネンジュモの仲間（藍藻類、左下）とチャヅツケイソウ（珪藻類、右上）

図 4-1　ダム湖にみられる様々な形のプランクトン

ダム湖の中のプランクトンの働き

植物プランクトンや付着している藻類の働きは、陸上の植物と同じだ。葉緑素（クロロフィル）を共通に体内に持つそれらは、光のエネルギーを使い光合成を営む。水と二酸化炭素から有機物と酸素をつくり出す作用だ。

$6CO_2$（二酸化炭素）＋ $6H_2O$（水）⟶ $C_6H_{12}O_6$（有機物：ブドウ糖）＋ $6O_2$（酸素）

前の章で紹介した有機物の分解と、全く逆の反応であることに注意してほしい。陸上だろうと水中であろうと、あらゆる動物は、植物を、また植物を食う動物を食って生活している。ダム湖の動物も同様に、プランクトンに頼って生活している。ヘラブナはプランクトンを直接食い、コイは、プランクトンを漉し取って生活している貝などを食う。ダム湖の中の世界の食べ物の生産者として、プランクトンは不可欠な役割を果たしている。

富栄養化の問題

湖の世界で大切な役割を果たすプランクトンも大量に発生すると、ダム湖の環境を悪化させ、湖内の生物が生息し難い環境をつくる。プランクトンは、やがて湖底に沈み、微生物により分解され、底層の水の酸素を減らす。昼間に、光合成により、酸素を生産するプランクトンも、光の届かない深いところでは呼吸により酸素を消費する。光のない夜もそうだ。明るいところでも、呼吸による酸素消費が起こっているのだが、光合成による酸素の生産の規模がずっと大きいため、目立たないだけだ。

プランクトンが大量に発生して、湖の環境を変えてしまうことを「富栄養化」と呼ぶ。プランクトンを育てる栄養分が豊富にあることを意味する。プランクトンの発生量が少ない湖は「貧栄養湖」、多いそれは「富栄養湖」と分類される。琵琶湖の北湖は貧栄養、南湖は富栄養の状態だ。

富栄養という言葉は、豊かな生産を連想し、良い印象を持つかもしれない。確かにそのような面もあるが、実は困ったことも起きる。わかりやすい例は、水道の着臭だろう。プランクトンは種類により、また、発生した量により、様々な匂いを水につける。少量の発生ならば、「スミレの花」のような匂いと形容されるプランクトンの種類もある。しかし、たいていの場合は、私たちの不快感を引き起こす臭いがつく。浄水場のろ過池が、プランクトンにより、目詰まりを起こすこともある。

なぜ、ダム湖で大量にプランクトンが発生するのか?

植物性のプランクトンが大量に発生するためには、十分な光と窒素やリンのような栄養分が必要だ。陸上の植物と何の違いもない。湖の深く光が届かない底層や、山の中の小さな天然湖では、プランクトンの発生量は少ない。それぞれ、光や栄養分が不足しているためだ。

光が底まで十分に届くほど浅く、人の生活から排出される栄養分が大量に流入する湖では、プランクトンの発生量も多くなる。手賀沼《てがぬま》(千葉県)、諏訪湖(長野県)、琵琶湖南湖(滋賀県)など、プランクトンの発生が問題となる湖は、たいていその条件を備えている。

では、ダム湖はどうだろうか。ダム湖は、天然湖と異なり、広い範囲から水を集める特徴を持っていることはすでに説明した。土砂も栄養分も大量に流れ込む。また、流れ込んだ物質が湖内に留まる割合も、ダム湖では天然湖よりも高いと考えられている。さらに、ダムに水をためた直後には、水没した森林や畑から栄養分が水に溶け出してくる現象も知られている。

図4-2　ダム湖に発生したプランクトン（市房ダム：球磨川・熊本県）
発生した緑色のプランクトンのために、湖は、エンドウマメのポタージュ・スープのようにみえる。

光の条件も良い。日本には、堤の高さが一〇〇m以上の深いダム湖も六〇以上ある。もちろん、一〇〇mの深さまで光が届くことはなく、そのような場所にはプランクトンは生息できない。しかし、深いのは、堤に近い部分だけだ。上流に向かい、ダム湖の水深は次第に浅くなり、湖全体を考えれば、浅く光が十分な水域の割合が大きくなる。

浅く、湖底まで光が十分に射し込み、上流からの栄養の補給も多いダム湖は、プランクトンの生育に適した環境となる。森に囲まれた人気のないダム湖であっても、平地の汚れた池のようにプランクトンが大量に発生するのは、このようなダム湖の特徴のためなのだ（図4-2）。

ダム湖の中でプランクトンはネズミ算式に増える。

川・ダム湖・湖

流れる水と止まっている水は、それぞれ流水、止水と呼ぶ。前者の代表が川で、後者のそれは湖だ。ダム湖は、湖の仲間に分類されるのが普通だが、ダム湖の規模と流れ込む川の流量によって決まる滞留日数、つまり、湖に水が留まる期間により、川の性質が強く表れるダム湖もあれば、湖らしい性質を持つものもある。

プランクトン発生の被害が深刻になるのは、滞留日数が長いダム湖だ。光や栄養分などの条件が良いと、プランクトンは一日に一回分裂し、倍に増える。二日で四倍、一週間では一二八倍になる。わずか数日で水が入れ替わるダムでは、プランクトンが増える間もなく、下流に流されてしまう。だが、ダム湖独特の地形や水の動きを考えると、平均的な滞留日数から判断すればプランクトンが発生しないはずなのに、プランクトンが大発生して、目でわかるほど湖水が着色することもある。入り江の奥では水の交換が悪く、局所的にプランクトンが発生する。また、上流からの流入水が、深いところを通って放流されると、表面の水は全く入れ替わらず、計算上の滞留日数よりも長期間、湖に留まることもある。風による吹き寄せや、流入水の潜り込みにより生じる上流向きの流れに乗って、特定の場所にプランクトンが濃密に集まることもある。

ダム湖の中の川と湖

一つのダム湖の中でも、湖的な所と川的な場所がみられる。成層ができる天然湖のような滞留日数の長い大ダム湖でも、一様な湖的な環境ではなく、場所によっては、川的な性格を示すこともある。川が流れ込む場所は、水の流れもあり、川的な性質を持つが（流水帯）、下流側の堤の付近は、流れが全く止まり、湖のような環境になる（止水帯）（図4-3）。

プランクトンが大量に発生するのはどこだろうか。ちょっと考えると、湖のような止水帯が適当な場所に思えるかもしれないが、そうではない。容易に想像できるように、流水帯では、

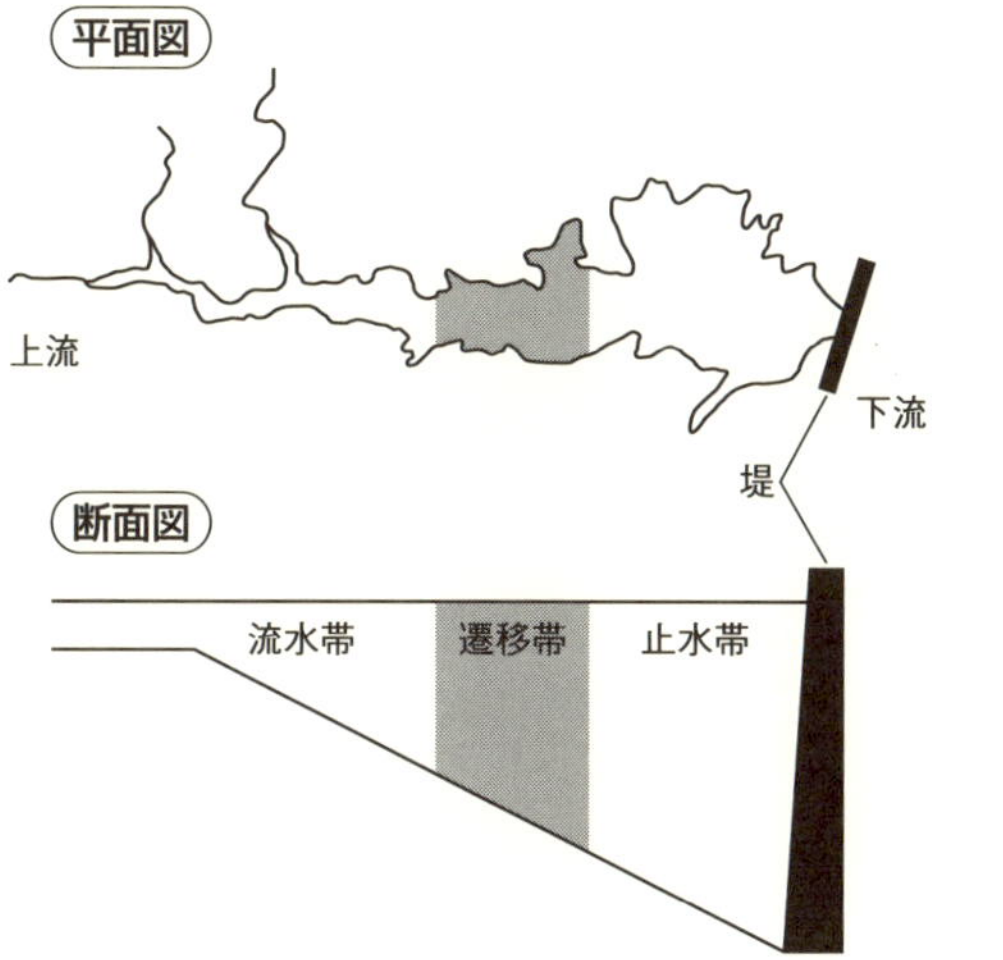

図 4-3　ダム湖の中の川と湖
上：平面図
下：断面図
　ダムの上流側は浅く流れがあるが（流水帯）、堤のそばの下流部では深く、水の流れは全く止まる（止水帯）。その間は遷移帯と呼ばれる。Thornton ほか（1990）を改変。

上流の栄養分が豊富に流れ込み、浅く、光の条件も良い。しかし、流れによりプランクトンはそこに留まることができない。

　一方、止水帯では、流れは止まりプランクトンが留まることができるが、水の動きのない場所なので、水より若干重いプランクトンが湖底に沈む量も増える。栄養は上流に発生したプランクトンに使われて乏しく、堤の近くの深い場所では、光条件も悪くなる。光と栄養、流れの条件が最適な、流水域と止水域の境目（遷移帯）が、プランクトンにとって最適な生息場所なのだ。

　この境目は固定したものではない。渇水が続き、流れ込む水が少ない時期は、水は淀み、止水帯が広がる。一方、大雨が降り、大量の水が流れ込めば、ダム湖全体に川のような流れが生じる。

第5章　ダム湖の下流で起こること

その1　水位の変化と冷濁水の放流

ダムの下流では、水温や水質など、本来の河川とは違った環境がつくられる。川に水が流れない「瀬切れ」や、ダムから流れ出る冷たく濁った水の問題は、日本でダムが盛んに造られ始めた時代から、現在まで続く課題だ。

水位の変化

ダムが造られたために、昔と比べると川を流れる水が少なくなってしまった、との苦情を聞いたことがないだろうか。水を農業などに利用する目的で造られたダムから、本来の川筋を迂回する水路で田畑に水が引き入れられ、そこで水が消費されてしまう。水は川に戻らず、川は痩せる(図5-1)。

ダムそのものが水を消費するのではなく、農業や工業などの水の使い方の問題なのだが、川の変化は、ダムの建設のせいにされる。流量は、雨の降り方や、川の集水域の森林の成長などによっても変わるものだ。昔なじんだ川の変貌のすべてを、ダムの責任とする決めつけは、問題の理解にも解決にも役に立たない。

しかし、流れる水の総量は変わらなくても、ダムの操作により、時間的に川の水位が大きく変化し、そこに棲む生物の生活を破壊してしまうこともある。たとえ短期間であっても、干上

図 5-1　熊野川下流（和歌山県）の河床
　本来、水の流れる河床はほとんど干上がり、水は細々とした流れでしかない。

がった川には、どんな水生生物も棲めない。水温や水質の変化以上に重要な影響を与えるのだ。

　発電用のダムは、水を消費することはない。しかし、常に一定量の水を流しているわけではなく、需要に合わせて流量は操作される。そのようなダムの下流では、時間により、洪水のように大量に水が流れるような状態になることもあるし、逆に河床がほとんど干上がってしまうこともある（図5-2）。また、ダム湖と発電所が離れている場合、水はトンネルを通って送られるため、迂回《うかい》区間の川の水は著しく減る。

　木曽川（長野県）に「寝覚《ねざ》めの床《とこ》」と呼ばれる名所がある。浦島太郎が釣り糸

図 5-2　時間帯により異なる流量の川（岩尾内川・北海道）
上：岩尾内ダムの放流時間帯
下：同ダムが放流しない時間帯
　撮影地点上流の岩尾内ダムでは、ある程度水をためて、間歇的に水を流すため（ハイドロ・ピーキング操作）、河床の様子が時間帯によりずいぶん異なる（写真提供：程木義邦）。

こんなに水が減っては釣りもできやしない。

を垂れたとの伝説があり、江戸時代の絵図にも木曽八景《きそはっけい》の一つとして描かれている。
この上流にダムができてからは、木曽川の水はほとんど流れなくなり、昔の景観は失われた。ダムにたまった水はトンネルを通り、ずっと下流の発電所で使われた後、木曽川に戻る。

冷水の放流

ダムの天辺には水門が造られているが、それは洪水のとき、水があふれないようにするための非常用の設備だ。余水吐《よすいば》け、あるいは洪水吐け、クレスト・ゲートと呼ばれている。通常の運用では、ダムにたまった水は、ダム湖の表面ではなく、底層から流されることが多い。ダム湖の中の水温成層の話を思い出してほしい。天然湖と違い、ダム湖は、湖底の冷たい水を下流に流すのだ。

ダムが底の水を流し始めると、河川の水温は急激に下がる。図5-3に示した球磨川・市房ダムの例では、水温が約八℃下がる。生物の活性、つまり、物質を同化したり分解したりする速度は、普通、温度が一〇℃上がれば倍に、また逆に一〇℃下がれば半分になる。活性が半分近くも落ちる八℃の水温低下が、いかに深刻なものであるか理解できるだろう。イネやアユの成長にも影響が及ぶことは当然だ。夏の田植えや、アユ漁のころは、冷たい水に浸かって仕事をする人たちにも、神経痛などの健康影響が出ることがある。

ダムの下流の川の水温変化を引き起こすもう一つの原因はトンネル水路だ。川の水は太陽の熱で温まりながら下流へ流れていくのだが、発電所まで、光の射さないトンネルを流れる水は

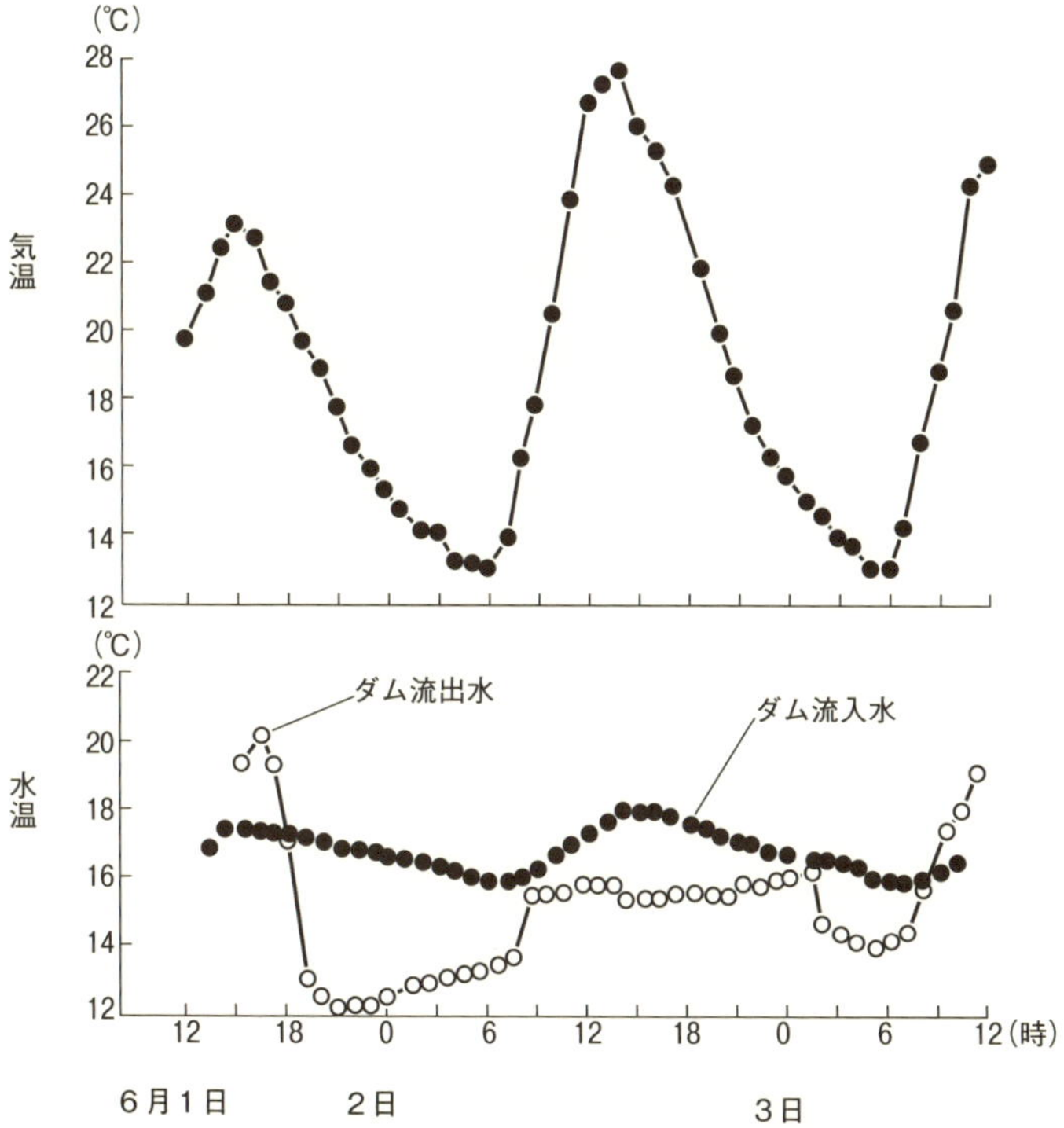

図5-3　市房ダム（球磨川：熊本県）下流の水温変化（2001年6月1日〜3日）
　ダム湖流入水にみられる気温と連動した規則的な水温変化は、下流への放流水では全くなくなり、放水時（18:00）頃に、著しく水温が低下する。村上・程木（2010）より転載。

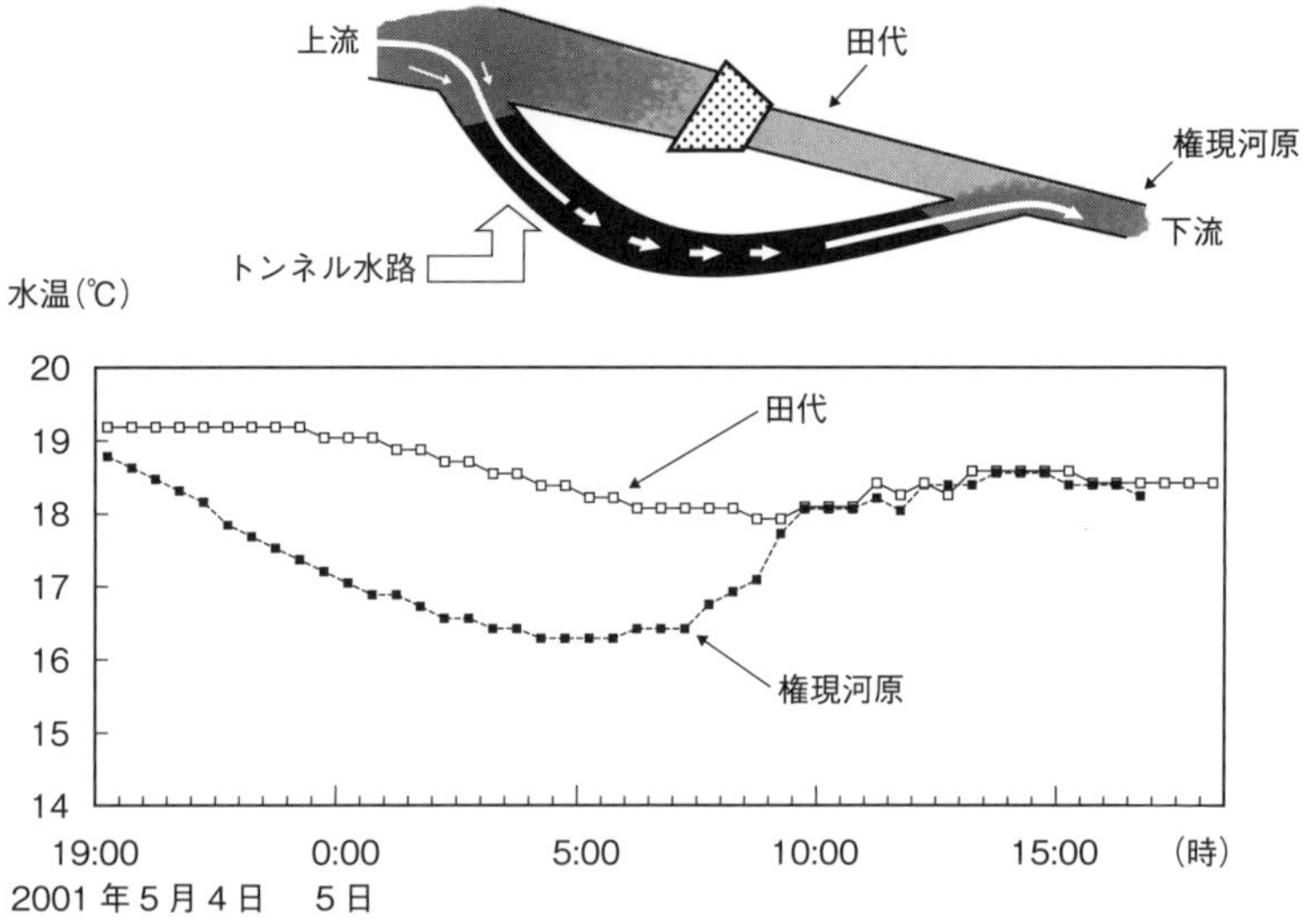

図 5-4　川辺川（熊本県）下流の水温の日変化（2001 年 5 月 4 日～ 5 日）
トンネルを通して放流される時間帯（4 日 19:00 ～）には、放水地点（権現河原）の水温が上流地点（田代）より低くなる。放水が止まれば（5 日 10：00 頃)、水温の異常は解消する。村上・程木（2010）より転載。

温まらない。上流の冷たい水が、本来水温の高い下流にいきなり放流されることになる（図5-4）。

温かい水の問題

ダムから出る水は冷たくても、流れるに従い温まる。冷水の悪影響はダム直下で最も深刻で、下流ほど目立たなくなる。夏の日中にダムから流れ出る水が少ないと、逆に、下流の水温は急激に上昇する。強い日射しが、浅くなった川の水を温めるためだ。これも困ったことだ。

水温が上がれば、水の中に含まれる酸素の量は減る。一〇℃の水に溶け込む酸素の量は、一トン当たり最大一〇・九二グラムだ。ところが、三〇℃だと七・五三グラムに減ってしまう。水中の酸素を呼吸する生物にとっては重大な問題だ。酸素不足で魚が死ぬ事件が夏に集中するのは、高い水温だと、水が含む酸素量がそもそも少ないためだ。微生物の呼吸も、温度の上昇とともに活発となり、酸素の消費を後押しする。

冬から初春にかけては、たまったダム湖の水は、本来の河川の水温よりも高くなることが多い。流れる水よりも、たまった水のほうが日射しを浴びる時間が長くなるためだ。夏にみられた成層は冬の間は解消し、全層に熱は伝わる。水生昆虫などの成長は温度に依存する。冬の間、水が温かいと、水生昆虫の若虫や蛹から成虫になる時期が早まる。これは好ましいことではない。川の中は春であっても、外の世界は冬のままだ。羽化した成虫は生きていくことができない。交尾もできず、子孫を残せない。

自然の世界にはあり得ない冷水も温水も、生物の生息に悪い影響を及ぼす。さらに、水温の日変化、つまり、日中温かく夜に冷たい寒暖の繰り返しがなくなることも問題らしい。日変化がなくなることによって、イネの成長が阻害されることは古くから知られていたが、他の生物への影響はほとんど調べられていない。

濁りの長期化

　雨が降れば、周辺から土砂が川に流れ込み、水かさが増した川の水は底泥を巻き上げて流れ、川は濁る。だが、雨が上がれば、濁りは海へと流れ去り、川は再び透明な水に戻る。ところが、川の途中にダムができれば、川はなかなか澄まない。なぜだろうか。

　ダム湖に流れ込んだ濁り水は、その量や水温にもよるが、水温躍層より浅い湖水を濁らせる。濁りの原因となる粒子は、その大きさにより、異なる速度で沈んでいく。直径が二㎜の砂粒は、一〇㎝沈むのに瞬きする間しかかからないが、〇・〇二㎜のシルトは約五分、〇・〇〇二㎜の粘土に至っては八時間もかかる。放水口が深いところにあれば、湖の表面から絶え間なく沈んでくる粒子のために、長期間、下流に濁りが補給されることになる。雨が上がって何日も経って、流入水には濁りがなくなり、湖の表面が澄んだ水となっても、放流口から濁りが出るのはそのためだ。ダムの下流の水が薄く白く濁っているのは、ゆっくりと沈む粘土を含んでいるからだ。粘土も、やがては湖底に達する。しかし、そのころには次の大雨が降り、ダム湖は再び濁る。

　上流にダムのある川とない川で、濁りの解消を時間ごとに観測するとおもしろい。図5-5に示す観測例は、上流にダムのある球磨川と、その最大の支川でダムのない川辺川との合流点

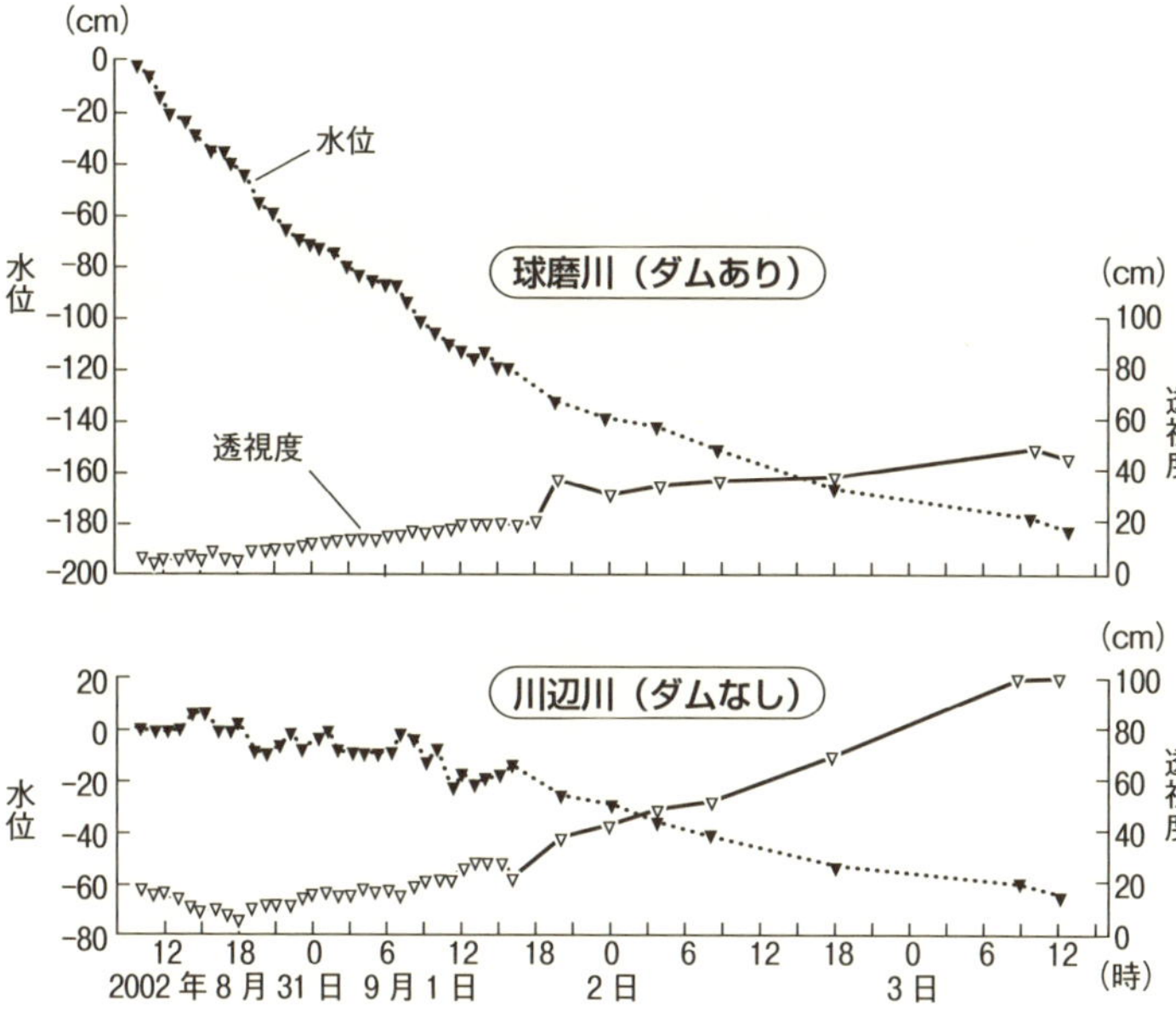

図5-5　球磨川（ダムのある川）川辺川（ダムのない川）の水位と濁りの変化

水位は、観測開始時のそれとの差、濁りは透視度で表示してある。透視度とは、水の底に沈めた目印がみえなくなる水の深さ（cm）のこと。透視度が大きければ澄んだ水、小さければ小さいほど濁りが甚だしい水ということになる。8月30日の激しい雨は、31日の朝には止んだ。村上・程木(2010)より転載。

図5-6　佐久間ダム（天竜川・静岡県）から流れ出る濁水

右岸から濁った佐久間ダムの水が、澄んだ天竜川に流れ込んでいる。ダム放流水と河川水は水温が異なり、容易に混じり合わない（写真提供：天竜川漁協）。

で、大雨直後から濁りを連続的に測定したものだ。濁りは、「透視度」を指標として測定している。透視度が高いほど澄んだ水で、濁ると透視度は低くなる。降雨により、両河川とも濁るが、雨が上がり水位が低下するにつれ、ダムのない川辺川では急速に濁りが解消し、透視度は三日足らずで一〇〇㎝に達するが、球磨川では、三日経っても四〇㎝程度にしか回復しない。

　佐久間《さくま》などのダムが造られている天竜川（静岡県）の川漁師の悩みが、ダムから出る濁り水だ（図5-6）。天竜川の漁業協同組合は、漁場の濁りを毎日測定している。漁協の二〇〇一年から二〇〇七年までの観測によれば、天

透視度	
19cm 以下	17.4%
39cm 以下	22.4%
59cm 以下	27.6%
79cm 以下	18.2%
80cm 以上	14.4%

（2001〜2007 年　観測日数 2,534 日）

図 5-7　天竜川（静岡県）下流の透視度測定
ダムのある天竜川では、80cm 程度の透視度がある日は、14%程度に過ぎない。井口ほか（2010）より作表。

竜川下流の平均の透視度は五〇cmに達しない。透視度五〇cmの濁りとは、白い紙に、ワープロソフトの標準的な字の大きさ（一〇・五ポイント）で印字した文字を水中に五〇cm沈めるとみえなくなる程度の濁りだ。透視度が八〇cmを超える澄んだ水が流れる日数は、年間の一五%に満たない（図5-7）。

第6章　ダム湖の下流で起こること

その2　生き物への影響を巡って

エジプトのアスワンハイダムが、ナイル河からの栄養補給を妨げたことによる地中海の漁業不振は、世界を驚かせた。一九七〇年に完成したアスワンハイダムは、洪水を防ぎ、発電や灌《かん》漑《がい》により豊かな社会を築く目的の国家的事業だったのだが、皮肉なことに、水産資源を減らす結果になってしまった。日本でも、ダムにより遡上を阻まれたアユが、餌不足になった例が、すでに一九五〇年代に報告されている。

この二つの事例では、ダムが川や内湾の環境を変え、水産業に及ぼした影響の仕組みは異なる。一概に、ダムが悪いで片づけるのではなく、どのような因果関係の連鎖によるものかを知ることが必要だ。影響の軽減や環境の回復策の提言は、その延長上にある。

私たちは、ダムがすでに運用されている球磨川と、未だダムが造られていない川辺川で、アユを捕まえ、消化管の中身を調べることにした（図6-1）。ダムによる河川環境の変化は、大型で移動ができるアユよりも、その餌である小型で動けない付着藻類に顕著に現れるのではないかと考えた。球磨川の川漁師は、「夜《よ》網《あみ》」と呼ばれる漁法を使いアユをとる。夕方仕掛けた網は、真夜中に引き上げられる。それからが消化管を取り出し、観察する時間だ。

私たちの生活に直接影響を及ぼす水産資源だけではなく、水生昆虫や、肉眼ではみえない微小な生物にまでダムの影響は及ぶ。カゲロウやトンボのヤゴなどの昆虫は、川の環境変化に敏感だ。ダムの下流では、何が起こっているのだろうか。

図6-1　球磨川
人吉市付近の瀬。昼間は友釣りでにぎわい、夜は夜網漁の舞台となる。

アユはどうなる？

ダムの建設予定地で、たいてい問題となるのがアユ漁への影響だ。アユは清流の魚との思い込みがあるかもしれないが、案外と汚染に強く、都市の中の汚れた川でもみつかることがある。むしろ、環境の変化には、小型の生物ほど敏感だ。

アユへの直接の影響はなくとも、アユの餌の藻類は、水温や水質の変化に大きな影響を受ける。ダムが引き起こす環境変化により、種類組成や、量、生産速度が変わる可能性がある。藻類の種類によっては、アユが食えないものもあり、餌資源としての価値が異なる。量も重要

図6-2　アユの口元（左）と礫に残された食み跡（右）

だ。付着量が少ないと、アユは同じ量の餌を得るのにも、より多くのエネルギーを割かなければならない。砂混じりの藻類を餌にしていると成長が悪いとも聞く。量とともに、生産速度、つまり、食われた藻類がどれだけの速さで回復するかも大事だ。藻類の量が少なくても、食われた藻類がすぐに再生するような環境であれば、餌不足にはならない。

夏のアユ漁の季節に、川の中の礫を取り上げてみると、茶色や緑色のヌルヌルする被膜がついていることがわかる。これがアユの餌となる付着藻類だ。礫のあるものは、柳の葉のような模様に藻類の膜がはぎ取られており、礫の地肌が現れている。アユが櫛のような歯《は》で、藻類をはぎ取った跡で、「食み痕《あと》」と呼ばれる（図6-2）。アユ釣り師は、食み痕の様子で、アユの大きさや生息密度を知る。「鮎を釣るなら、石を釣れ」との言葉があるほどだ。梅雨の出水が、古い付着藻類の被膜を一掃し、その後に生えた新鮮な珪藻《けいそう》類が、アユの最適な餌と信じられている。珪藻類が生えている礫は茶色にみえる。珪藻は、葉緑素に加え、褐色の色素を持っているためだ。また、礫についた珪藻が乾燥すると、白いチョークをなすりつけたようになる。

ダムからの冷水の放流は、藻類の増殖速度を下げる。濁り水は光を遮ることにより、光合成の速度を低下させる。また、細かい粘土は付着藻類の生息場所である礫上に降り積もり、基盤の環境を変える。どうみてもアユの生息に影響が出そうだが、未だダムによる環境変化と付着藻類の変化の因果関係は十分に解明されていない。観察例も少ないし、相容れない正反対の説明がされる場合もある。

藻類への影響

ダムの下流には、珪藻ではなく、ヒゲモと呼ばれる藍藻類が優占する例が多いことは、良く知られている。付着している藻類を食べるアユには、餌の影響が出ているはずだ。

ダムのある球磨川とダムのない支川の川辺川のそれぞれでとれたアユの消化管を顕微鏡で観察した結果は、驚くべきものだった（図6-3）。川辺川では、珪藻類を食っているものがほとんどであったが、球磨川では、大半のアユがヒゲモをもっぱら食べていた（図6-4）。藻類の一つ一つの細胞は顕微鏡でしかみえないが、消化管に詰まった藻類の塊の色の違いは肉眼でもわかるほどだ。同じ現象は天竜川でもみられた。ダムの上流でとれたアユは珪藻を食い、下流

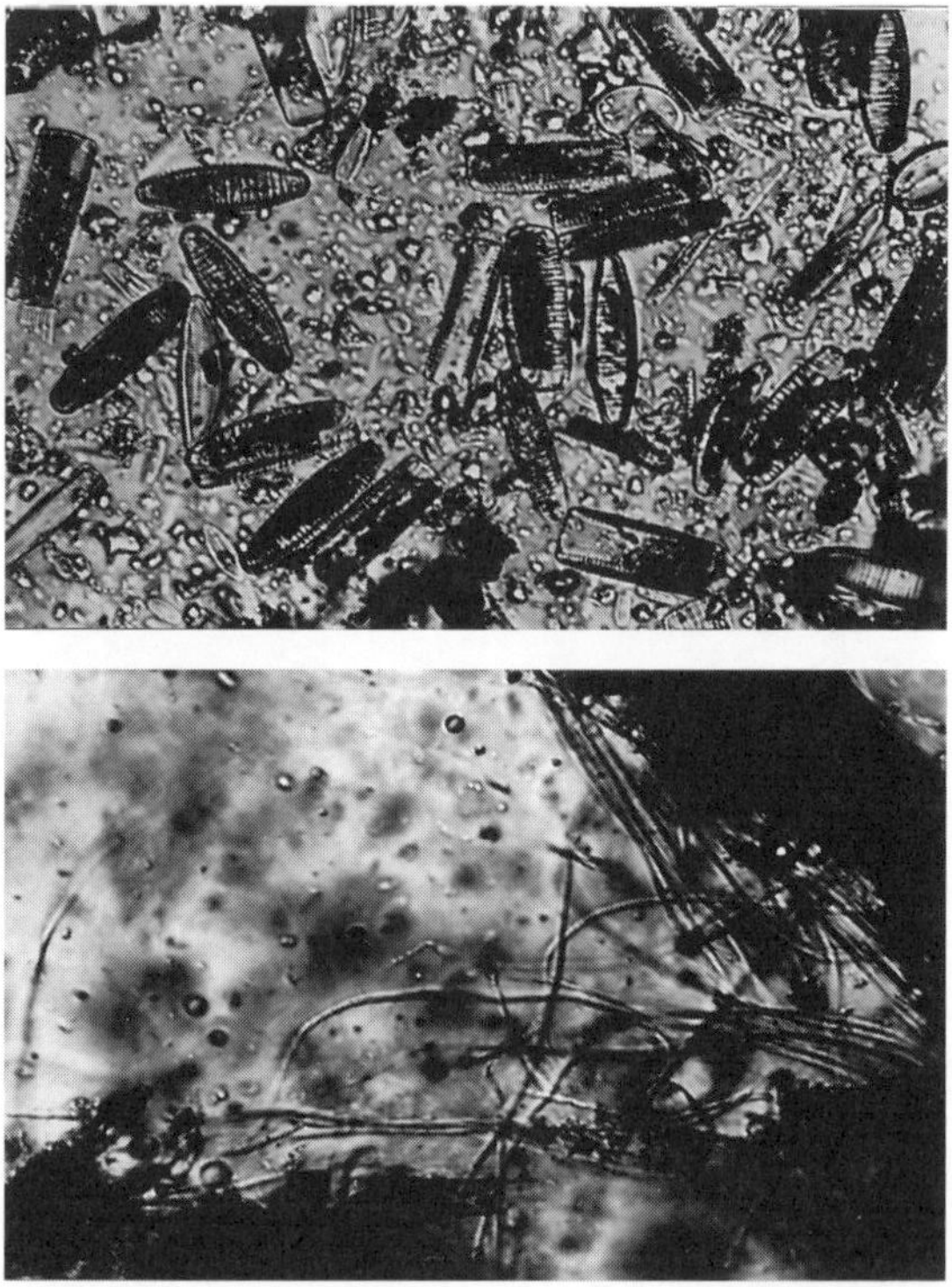

図 6-3　球磨川・川辺川水系でのアユ消化管内容物の種類組成（2000 年 9 月）
川辺川（上）では珪藻が食われているのに対して、球磨川（下）では糸状の藍藻類（ヒゲモ）を食っているアユの比率が高い。

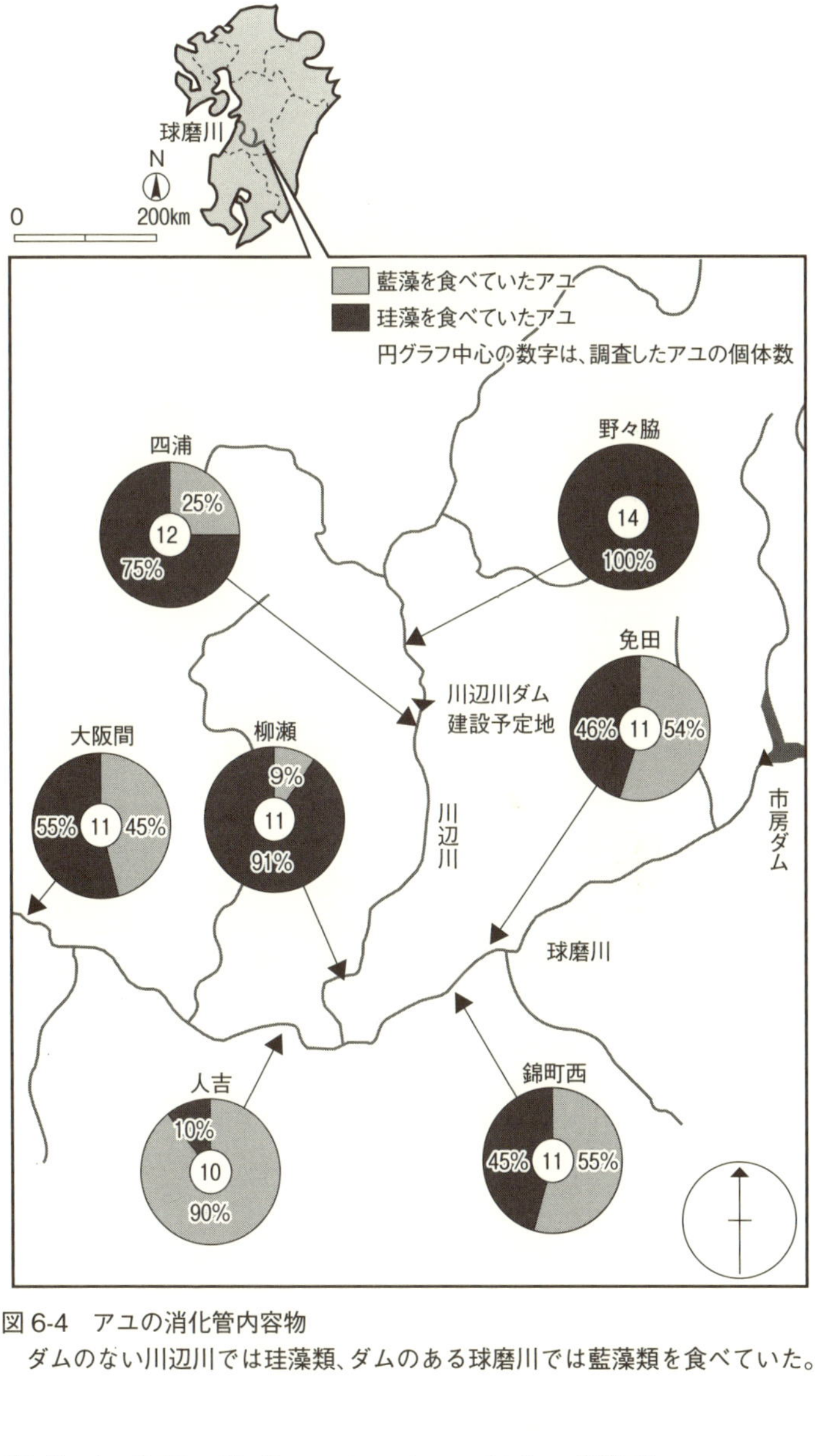

図 6-4　アユの消化管内容物
ダムのない川辺川では珪藻類、ダムのある球磨川では藍藻類を食べていた。

のそれは藍藻類のヒゲモを食べていた。

では、これらの観察例は、ダムが付着藻類の種類組成を変えた証拠になるのだろうか。話はそう簡単ではない。藻類の種類組成は、水温や栄養などのダムの運用と関連がありそうな要因によっても変わるが、藻類を食う消費者、つまり、魚や水生昆虫の種類や生息密度によっても変化する。

藍藻類は、珪藻類に比べ、再生速度が速いと考えられている。アユに食われても、日ならず餌の資源量は回復する。つまり、アユが珪藻ではなく、藍藻を食べているのは、アユが過密に放流された結果であり、珪藻が食い尽くされ、再生力の強い藍藻しか残っていないとする考え方もできる。

球磨川のアユの放流密度は、一㎡当たり〇・一匹程度だ。一匹のアユが必要とする付着藻類量からざっと計算すれば、一㎡に数匹は棲めるはずなので、この密度程度では過密放流ではない。しかし、ダム下流で、藍藻類が特に多いとの因果関係の説明が必要だ。ヒゲモが濁りの多い河川に発生するとの説は、ダムの運用とヒゲモの優占に因果関係がありそうだと思わせる。一方、ヒゲモを清流の指標としている研究者もいる。

ダムの有無により、付着藻類群集の主な種類が、珪藻だったり藍藻だったりする理由としては、その他、ダムの貯水により変化する幾種類かの栄養分の比などの可能性も否定できない。観測

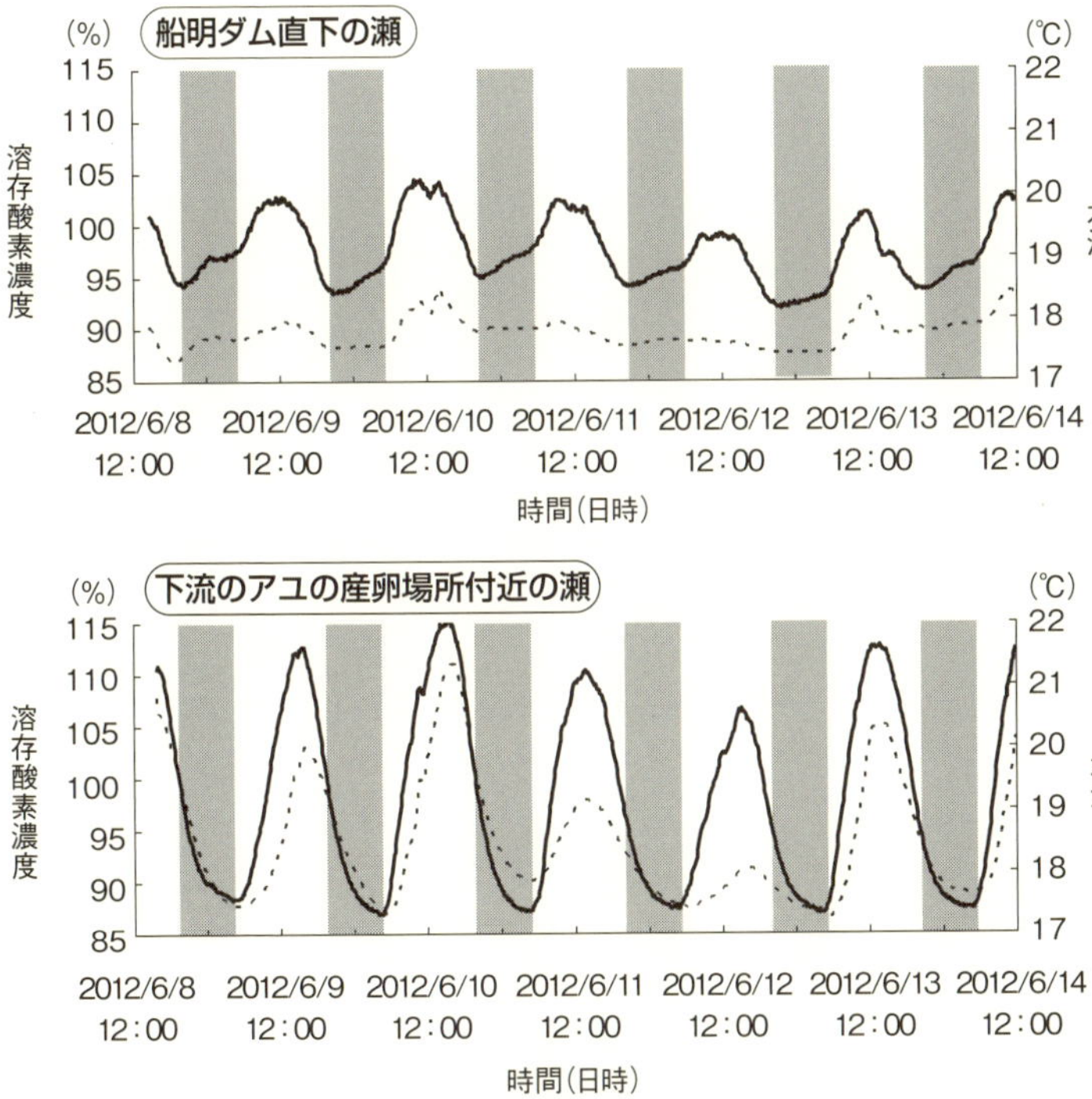

図 6-5　天竜川における、船明ダム直下の瀬と下流のアユの産卵場付近の瀬の水温と酸素濃度の日変化。実線は溶存酸素濃度、点線は水温。
生物の生産（光合成）と消費（呼吸）が活発な川では、酸素濃度の日変動が大きく、低調な川では変動幅は小さい。
同じ川でも、ダム直下と下流では、様子が異なる。天竜川の船明ダム直下の瀬では、酸素濃度の日変動幅が小さく、生物による生産活動が小規模であることを示している。水温の規則的な日変動もみられない。一方、下流のアユの産卵場付近の瀬では、ダム直下の瀬に比べ、酸素濃度の日変化が大きく、活発な生産がみられる。水温の日変動も回復している。管原（未発表資料）より作図。

した事実を、ダムの運用と関係づけるにはまだ資料が不足している。

また、種類組成だけではなく、付着藻類の量や生産速度も、ダムの有無による違いで説明するには至っていない。礫ごとの付着藻類の量のばらつきは非常に大きい。場合によっては、隣り合った礫であっても、藻類量の違いは一〇〇倍以上にも達することもある。これでは、ダムの有無や、季節変化、アユの密度との関連などを検討することは難しい。

どこの川でも利用できるような精度の良い、生産速度の測定方法はない。乏しい測定結果をみても、ダムが下流の河川の生産速度を上げる例もあれば、下げる例もある。例えば、濁りの多い時期、天竜川では、付着藻類の生産は小規模であるため、光合成によって発生し、呼吸によって消費される酸素濃度の日変化は著しく小さい（図6-5）。しかし、夏の球磨川では、水位の下がった河床に水草が繁茂し、ダムのない川辺川と比べると、酸素濃度の日変化は大きく、活発な生産活動が営まれていることが推測できる。

アユ漁への影響

濁りが、アユに直接、また、餌である藻類の成長阻害を通じて間接的に影響を与えることの十分な証拠は揃っていないが、人の営むアユ漁には明瞭な被害が生じる。漁法と人の心にかかわる問題だ。

付着藻類を食うアユを釣るには、「友釣り」という漁法が使われる。アユは成長に必要な付着藻類を確保するため、河床の一定面積、だいたい一㎡を占有する習性を持つ。釣師は、おとりのアユを、その範囲に侵入させる。先住のアユは、侵入者に体当たりを食らわせ、撃退しようとするが、おとりとともに糸先に仕掛けられた針に引っかかって釣り上げられる。

アユが侵入者をみつけるためには、水中の視野が開けていることが必要だが、濁りは、アユの索敵範囲を著しく狭める。見渡せる距離が半分になれば、アユの目を中心とした半球形の視野は二分の一の三乗の八分の一になる。経験を積んだアユ漁師の話によると、膝下ほどの深さでも河底がみえるくらいの透明な水でなければ、アユは侵入者を追わない。つまり、友釣りはできない。アユは、友釣りだけではなく、餌釣りや網でも捕えることができる。しかし、最も人気のある釣りが、この友釣りだ。友釣りができない川には、釣りを楽しみと考える釣師は、集まらない。

また、澄んだ清流での楽しい一日を期待する釣師が、わざわざ濁った川を選ぶだろうか。たとえ、濁りがアユの大きさや味に関係ないとしても。ダムで濁った川の例として、紹介してきた天竜川の漁業協同組合管内の入漁者数は、年々減っている。一九七九年には、一年間の釣りを楽しむ権利、「年券」を買う人は、二万七〇〇〇人いた。今では、その一〇分の一以下、二五〇〇人しかいない。年券の売り上げは、漁協の大事な財源だ。そのお金で漁場を整備し、稚魚を放流して、毎年アユ釣りが楽しめる川を管理しているのだ。売り上げの不振は、川の漁業の維持を難しくしている。

ザザムシ

魚だけではなく、川虫の種類組成も変化する。信州（長野県）は昆虫食で有名だ。イナゴ、カイコなどとともに、天竜川流域では、水生昆虫の一種、ヒゲナガカワトビケラ（毛翅目）の幼虫も食われている。ザザムシの佃煮《つくだに》と呼ばれているものがそれだ。毎年、厳寒の時期、特殊な網を使い採集されたザザムシは、甘辛く煮つけられ、缶に詰められ、店頭に並ぶ（図6-6）。

ヒゲナガカワトビケラは、日本の河川のあちこちでみることができる大型の水生昆虫だが、なぜ、天竜川だけで漁が盛んなのだろうか。それも支川はだめで、本川のザザムシに限るそうだが。これは、味の違いではなく、大量に効率よく採集できるかどうかの問題らしい。天竜川の本川は、ヒゲナガカワトビケラが高密度で生息している。例えば、伊那《いな》市（長野県）付近の支川・小黒川《おぐろがわ》での水生昆虫の密度は、一㎡当たり一〇〇〇個体（乾重量で一㎡当たり〇・一八グラム）ほどに過ぎないが、その付近の本川では、一㎡当たり七八〇〇個体（乾重量で一㎡当

図6-6　ザザムシの缶詰（左）とその中身（右）
　伊那谷（長野県）のカネマン商店製。缶詰の中身は、ほとんどヒゲナガカワトビケラ１種で占められている。

たり三・七八グラム）にも達する。本川では、支川に比べて、個体密度が一〇倍に満たないのに対して、重量が二〇倍以上にもなるのは、本川では大型のヒゲナガカワトビケラがたくさん生息しているためだ。

　動物の密度は、餌により決まる。たくさんの個体が生活するためには、たくさんの餌が必要だ。ヒゲナガカワトビケラの幼虫は、水中の礫の間に網を張り（図6-7）、それにひっかかった粒状の有機物を食う。天竜川の源は諏訪湖（長野県）だ。湖から流れる大量のプランクトンが、高密度のヒゲナガカワトビケラの食生活を支えているのだ。

　人が造ったダム湖の下流も、ヒゲナガカワトビケラの生活に適した環境だ。ダム湖は、川の途中にあって、プランクトンを大量に下流に供給する。ダムのすぐ下流は、水位や水温などの変動が激しく、普通の水生昆虫にとってすみ良い生息場所ではない。

　例えば、岩《いわ》尾《お》内《ない》川《がわ》（天《て》塩《しお》川《がわ》支川・北海道）の調査では、

図6-7　礫間に張られたヒゲナガカワトビケラの巣
天塩川・岩尾内川下流。岩舘ほか（2007）より転載。

ダム上流の水生昆虫の密度は、一㎡当たり六〇〇〇個体だったが、ダム直下ではほとんどいなくなり、流を下るにつれ、再び密度が増加した。しかし、ヒゲナガカワトビケラは全く逆だ。ダム直下に多く、下流ほど少なくなる。網を張り、有機物の粒を餌とする種類を造網型トビケラと呼ぶ。各地のダムの下流で、ヒゲナガカワトビケラやシマトビケラなどの造網型のトビケラが増えていることが報告されている。ダム湖の水を発電所まで送る水路に、びっしりとくっついたトビケラの巣のために、流れが妨げられる事件も起きたことがある。

　餌の増加とともに、すみ場所もヒゲナガカワトビケラに有利に変わる。河底を

川を流れてくるプランクトンを食うザザムシは、信州で有名な食用昆虫だ。

つくっている砂はダムにたまる。砂の供給のないダム下流では、礫の間を埋めていた砂は流れ去り、大きな礫だらけの川になる。その礫の隙間が、ヒゲナガカワトビケラが網を張る場所になる。また、時々干上がるような水位の変化も、ヒゲナガカワトビケラはある程度耐えることができるようだ。乾いた河床の礫を持ち上げると、湿り気が残っている石の下に潜り込んでいる個体がみられる。

天竜川でも、近年ダムが造られた支川では、本川のようにヒゲナガカワトビケラがたくさんとれるようになった。ザザムシの佃煮づくりには結構なことだろうが、やはり、川の中には、一種類だけではなく、様々な種類の虫や魚がいてほしいものだ。

ダムの下流の生物への影響は一様ではない

ダムによる栄養分の取り込みと洪水時の放出は、直下の川よりも、それを必要とするプランクトンが主要な働きをする遠く離れた海への影響が深刻なものとなる。一方、冷濁水や、プランクトンが川に流れ出すことによる生物影響は、ダム直下流では顕著だが、ダムから離れるに従い、軽減される。冷水は温まり、濁りは河底に沈澱し、水質から河底の変化へと課題は移る。冷水放流の例で示した球磨川では、ダム下流での水利用のため、水量が減り、温まりやすくなった球磨川本川は、人吉盆地あたりでは、支川の水よりも温度が高くなる。

プランクトンも、濁りとともに沈澱するし、また、造網型のトビケラなどに食われたりして、流下量は下流ほど減る。その減少率は一様ではなく、川の規模や形、それにより変わる川の動物の種類と密度、また、流出するプランクトンの種類や大きさにより様々だ。例えば、諏訪湖から天竜川に流れ出した珪藻類を主とするプランクトンは、トビケラに食われたり、河底に沈澱したりして減っていくものの、流出口の三〇km下流でも、五〇%程度は水中に残っている。一方、小さな貯水池から渓流に流れ出した鞭毛《べんもう》藻類が（図6-8）、一kmも流れないうちに、約

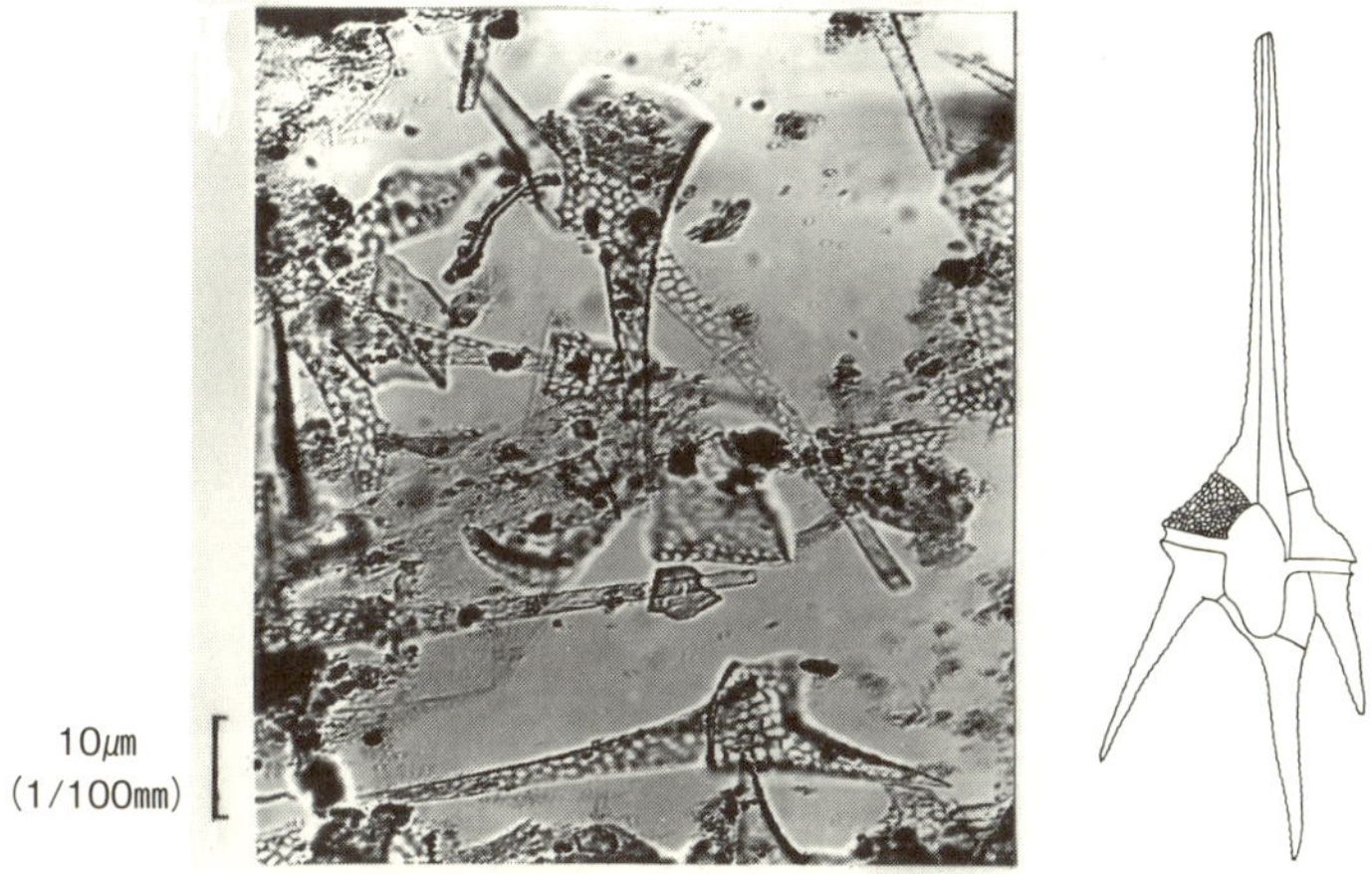

図6-8　貯水池（正伝池（しょうでんいけ）・愛知県）の直下で採集したシマトビケラの消化管内容物

池で発生した鞭毛藻類（プランクトンの１種）の破片が消化管の中に大量に詰まっている。流下するプランクトンが少なくなるのは、トビケラに食われてしまったためだろう。写真の右に、破片の種類のプランクトンの完全な姿（スケッチ）も載せた。Prescott（1962）より転載。

二割に減少した例を観察したこともある。

ダム湖の下流の川の水生昆虫の種類組成は、造網型のトビケラが優占する事例だけではなく、いろいろな型がみられる。市房ダム直下の球磨川で採集された水生昆虫の主要な種類は、呼吸のための鰓《えら》を覆う器官を持つカゲロウ類（浮遊目、図6-9）だった。濁りから鰓を守る種類が優占していることは、いかにも濁った川で生きなければならない虫側の対策を思わせるが、みかけの上からの想像にすぎないのかもしれない。河川の濁りのひどい天竜川でも、同じような種類が多くみられたが、シ

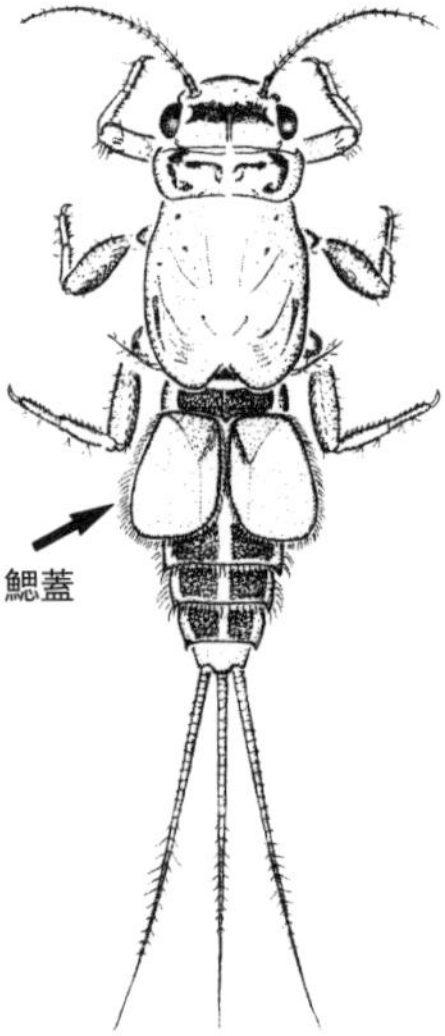

図6-9　鰓に覆いを持つカゲロウ（ヒメシロカゲロウの1種）
腹部の鰓を覆うような蓋がついている。他の種類のカゲロウの鰓はむき出しのままだ。石綿・竹門（2005）より転載。

ルトや粘土などの細かい粒子で巣をつくるユスリカ（双翅目）も多かった。ダムからの放流の勢いが激しく、撹乱が大きい河川では、すべての水生昆虫の密度が著しく低いことを観察したこともある。

ダムが下流の河川に及ぼす影響を要素ごとに、つまり、水温や、濁りなどの変動を、数値として扱い、水生昆虫の種類組成の変化と対応させ、その関連を合理的に説明することは、現時点では相当難しい。各要素は互いに関連しており、温度や濁りの寄与のみを他の要素と独立させて考えることはできないこともある。数値上の関連があっても、みかけの相関の確認にとどまっていて、要因と生物分布を説明するところまでは至っていない。

第7章　ダムの環境影響の議論の歴史

天然湖とも川とも異なるダム湖の環境は、水温の分布一つとっても科学的な興味を引くものだった。しかし、研究を楽しむばかりで済ませることはできなかった。調査に協力してくれた人たちは、その成果を、現実のダム建設反対運動に生かすことを期待していた。

川辺川（熊本県）では、事業者の国土交通省と、ダムの建設に反対する住民との間に、県知事の仲介で公開の討論会が持たれた。また、設楽《したら》ダム（愛知県）では、建設の是非を巡って、裁判が始まった。一方、サンル川（北海道）などの建設計画が進んでいる現場であっても、事業者と住民との話し合いがさっぱり進まない事態も生じた。議論の場に引き出された私も、川を診るだけではなく、開発と保存の理念と議論の歴史について、勉強する必要があった。

ヘッチ・ヘッチー論争

ダムの建設が川の自然を変えてしまうことは、ダムの歴史が始まったずっと昔から知られている。しかし、直接の、経済的な利害を持たない多くの人たちも、その議論に参加するようになったのは、二〇世紀になってからだ。その現場は、アメリカ合衆国西海岸のヨセミテ公園にあるヘッチ・ヘッチー渓谷。議論の主役となったのは、ジョン・ミュアとギフォード・ピンショウの二人だ。

一九〇〇年代初頭、ゴールド・ラッシュを契機に発展を続けるサンフランシスコ市は、水を欲しがっていた。水道事業は私企業に支配されており、不公平、不明朗な面もあった。水を公的な資源とするためには、市が運営に乗り出す必要があった。シエラ・ネバダ山脈から流れ出す豊富な水が狙われた。しかし、ダムの建設が予定されたヘッチ・ヘッチー渓谷は、国立公園内にあり、ミュアを中心とした反対運動は激しいものとなった。

ミュアは、シエラの山々の荘厳な美しさを世間に知らせ、シエラ・クラブを創設した人だ。自然に美と善をみて取る感覚は、今では当たり前のものだが、当時としては斬新な思想だった。荒野や野生は、人のために飼いならさねばならない、と考えられていた時代だ。シエラ・クラブは、現在、世界有数の規模の自然保護団体に成長している。彼らは、手つかずのままに自然を残すことを主張した。この考え方を「自然保存（preservation）」と呼ぶ。

一方、ピンショウは、サンフランシスコ市への水の供給が、自然の美しさを守るよりももっと大事だと考えた。彼は、アメリカ合衆国の初代の森林局長官を務めた男だ。自然の価値を知らなかったわけではない。貴重な自然の恵みを賢く利用することにより、人の生活を豊かで安定したものにすることを望んだのだ。自然を人のために利用しつつ、次の世代にも変わらない形で引き継ぐ自然の管理は「自然保全（conservation）」と呼ばれる。

一九〇六年にサンフランシスコ市を襲った大地震と火災が、ダムの建設を後押しした。

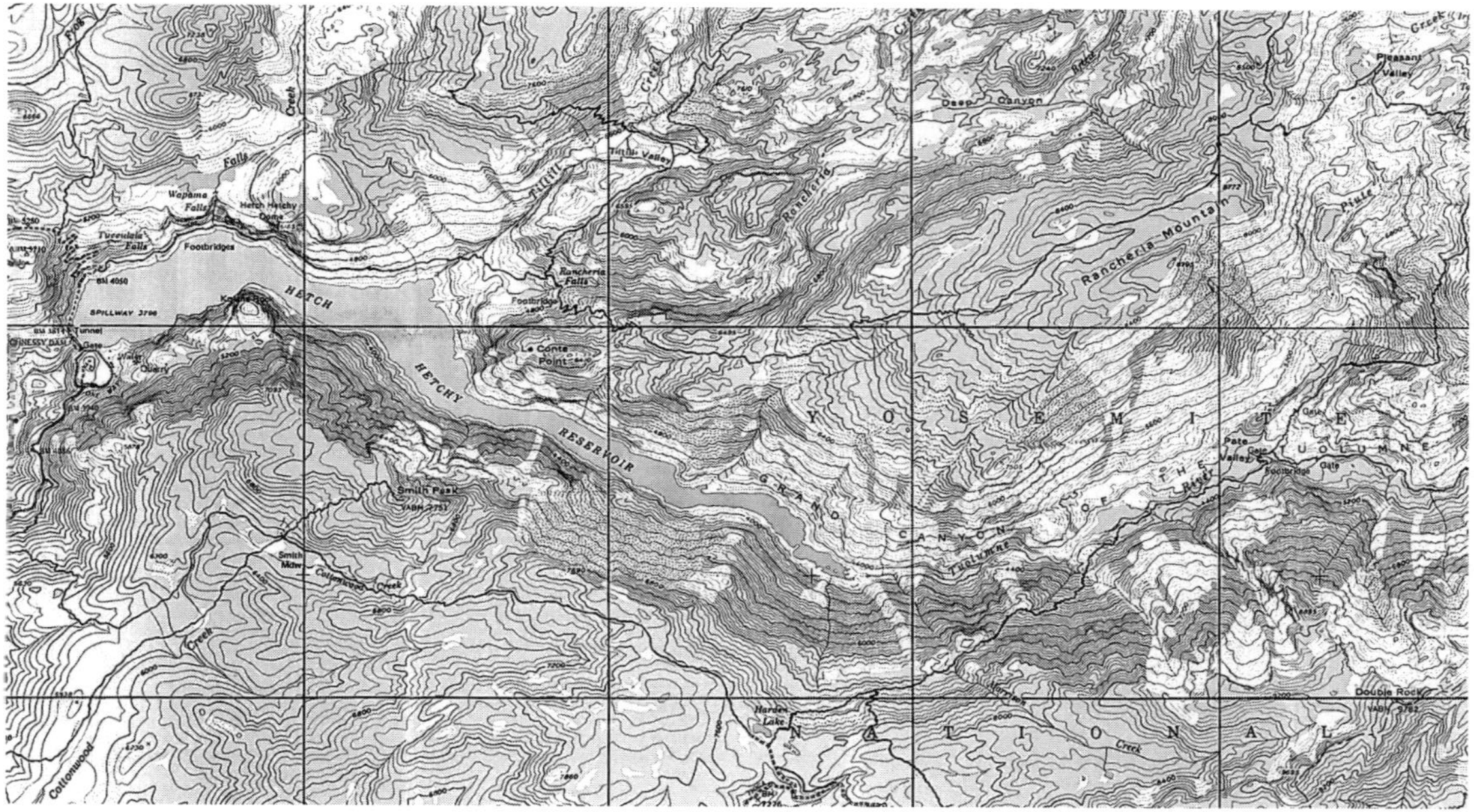

図 7-1　現在のヘッチ・ヘッチー貯水池
等高線の詰んだ地形図から、以前の深い渓谷の姿を偲ぶしかない。Hetch Hetchy Reservoir; Wilderness Press(1996)より転載。

一九一三年に、ウィルソン大統領はダムの建設を許可し、渓谷は水没した（図7-1）。保存派は負け、保全派が勝ったのか。ダム反対運動の単純な勝敗の判断は無意味だろう。自然と人との関わりについての二つの考え方は、対立的なものではなく、相補う関係にある。ダムは造られたが、ヘッチ・ヘッチーの事件をきっかけに、より多くの人たちが、自然の価値を真剣に考えるようになった。その結果、アメリカ合衆国の国立公園にダムが造られることは絶えてなくなった。

人の実利に直接つながらなくても、手つかずの自然を美しいものと感じ敬う態度は、事件の時代には主流にはならなかったものの、現代の私たちには常識的な考えとなっている。ミュアの多くの著書は、今でも自然保護の考え方を学ぶ教科書として重要なものだ。

一方、ピンショウの、自然の状態を維持しつつ利用する管理は、特にわが国のように、千年以上も人と自然のつき合いが続いてきた地域で必要な考え方だ。水田やその背景にある雑木林は、手つかずの自然ではないが、私たちを和ませ、生活のための資源を供給してきた。それらの環境は、自然の営みのみでなく、人が関与して維持してきたものだ。

百年以上も前のヘッチ・ヘッチーの事件は、済んだことではない。開発の現場に出かけてみれば、今でも同じような議論が繰り返されている。自然の保存と利用の兼ね合いは、時代や地域により異なる。どちらを選択するか、どこにでも通用する原則はない。

ジョン・ミュアはシエラの山や川をそのまま残したいと主張した。

尾瀬ヶ原での水力発電計画

日本での自然保護活動も、第二次世界大戦後の尾瀬ヶ原《おぜがはら》ダム建設反対運動が契機だ。それ以前に自然保護運動がなかったわけではない。ヘッチ・ヘッチー事件のころ、博物学者の南方熊楠《みなかたくまぐす》は、神社が統合されて廃止された神社の森が切り払われ、樹木がお金に換えられることに怒り、強力な反対論を唱えた。また、歌人・若山牧水《わかやまぼくすい》は、沼津（静岡県）の松原の伐採を強く憂いた。だが、それらの活動は、参加する人も、対象とする地域も限定された運動にとどまった。

一九四七（昭和二二）年、当時の商務省と日本発送電は、只見川《ただみがわ》にダムを造り、福島、群馬、新潟の三県の境に広がる尾瀬ヶ原を貯水池とする計画を発表した。敗戦後、水力によるエネルギーの供給の増加が不可欠とされていた時代だ。燧ヶ岳《ひうちがたけ》、至仏山《しぶつさん》の景観やミズバショウなどの湿地性植物が親しまれていた湿原の水没は、当然強烈な反発を受けた。尾瀬ヶ原を残そうとの主張は、多くの人に支えられ、建設計画は撤回され、尾瀬は自然公園として守られることになった（図7-2）。この運動の中心となった人たちは、一九五一（昭和二六）年、財団法人・日本自然保護協会を設立し、その後、協会は、多様な自然保護運動の推進役となってきた。

しかし、この時代、保護活動は、川に向いていたのではなく、主として、水没する自然を守

図 7-2　1950 年代の尾瀬ヶ原
菖蒲平から鳩待峠への道。写真提供：（財）日本自然保護協会。

ろうとするものだった。ダムが川の自然を変えてしまうとの懸念は、川の資源に頼る漁師や、川の水を利用する農民には深刻なものだったが、一般の人の耳目を集める問題とはならなかった。ダムが、私たちの生活に影響を及ぼすことが知れ渡ったのは、水道水源の汚濁がきっかけだった。

水道技術者のダム研究

一九七〇年代から、天然湖やダム湖を水源とする水道に、なまぐさい匂いやカビ臭がつく事件がしばしば起こるようになった。なまぐさい匂いは、湖に発生する植物プランクトンの仕業だ。プランクトンが弱ったり、死んだりした後、カビの一種の放線菌にたかられる。この菌がカビ臭の原因だ。水道の異臭は、活性炭を通すことにより軽減できる。家庭用の浄水器も同じ原理で、より良い質の水を造る器械だ。しかし、原因となるダム湖のプランクトン発生を抑え込むことがより大事だ。

東京都水道局を草分けとして、横浜市、川崎市、神奈川県広域水道企業団、名古屋市、大阪市、神戸市などの自治体水道の技術者たちが、この問題に取り組んできた。日本では、天然湖の研究は盛んだったが、ダム湖での例は少なかった。人の操作のために、不規則に環境が変化する人工湖は、研究がやりにくい場所だったからだ。水道の技術者、また、彼らに協力する研究者の努力で、ダム湖でのプランクトンの発生の様相や機構が明らかになり、また、被害を軽減する様々な技術が工夫された。

長良川河口堰反対運動からダム撤去へ

ダムが川の環境を変え、自然だけではなく、飲み水の問題を通して、私たちの生活にも影響を及ぼすことが強く訴えられるようになった契機として、一九八〇年代末から活発になってきた長良《ながら》川《がわ》河口堰《かこうぜき》反対運動を忘れることはできない。本来の川の自然を損なわないことと、私たちの生活の基盤を守ることが、ともに川をふさぐダムや河口堰によって脅かされることが、多くの市民に理解されるようになった。川の自然保護と、川によって成り立つ生活の安全確保の、二つのダム研究の流れが合流した時期だ。

サツキマスやアユなどの水生生物の保存と、私たちの飲み水の安全性の確保が同じ場で論じられるようになった。また、運動が進むにつれ、ダムや堰を造ったり維持したりするための経済的負担が見過ごせないほど大きくなっていることや、ダムのみに頼る河川防災計画が本当に有効なのかについても議論が発展した。さらに、このような様々な課題を役人や専門家だけで決定するのではなく、住民の意見をどのように計画に取り込むかについても議論された。長良川河口堰問題から始まった川の議論は、サンルダム（北海道）や八ッ場ダム（群馬県）、川辺川ダム（熊本県）でも深められ、すでに運用されているダムの撤去までも視野に入れた議論に引き継がれた。

なぜ、ダム・堰建設は、他の河川開発以上に警戒されるのか？

私たちが生きていくためには、自然を改変することは避けられない。しかし、改変された自然は、私たちに不快感を与えるものばかりではない。田植えが終わったばかりの緑の田んぼ、夏の砂浜の黒松の防風林、落ち葉のころの雑木林、冬の雪を被った竹林など、いずれも人の手の加わった自然だが、むしろ、私たちは好ましい景観として受け入れている。川についても、桜並木の続く堤防は、日本人好みの景色だ。また、日本の川の多くが、都市を守るために、流路が変えられ、人工的に放水路が掘られているが、強力な反対運動にまで発展した例は希だ。なぜ、ダムや河口堰の建設だけが、強い反対を受けるのだろうか。これには、二つの理由があるように思われる。科学的な根拠と心の問題だ。

ダムは川の川らしさを奪う

科学的な理由は、川を川らしく維持するために必要な条件が明らかにされ、その知識が広く普及してきたためだ。鍵となる言葉の一つは、「連続性」だ。一九七〇年代から、北米の研究者を中心として、川を開放的な系（システム）と考える見方が主流になってきた。川には、水とともに大量の物質が陸から流れ込み、様々な生物に利用され、さらに海に注ぐ。生物は、川の流れに乗り、また逆らい、川の中を移動する。開放的で、物質と生物の移動が確保されているのが川の特性なのだ。海の漁師が山に木を植える活動について聞いたことがあるかもしれない。川の集水域から流れ出す物質が海を豊かにすることは、経験的知識だが、洞察力に富む漁師には自明なことであったようだ。それを妨げる河川を横断する構築物が、川の特性を変化さ

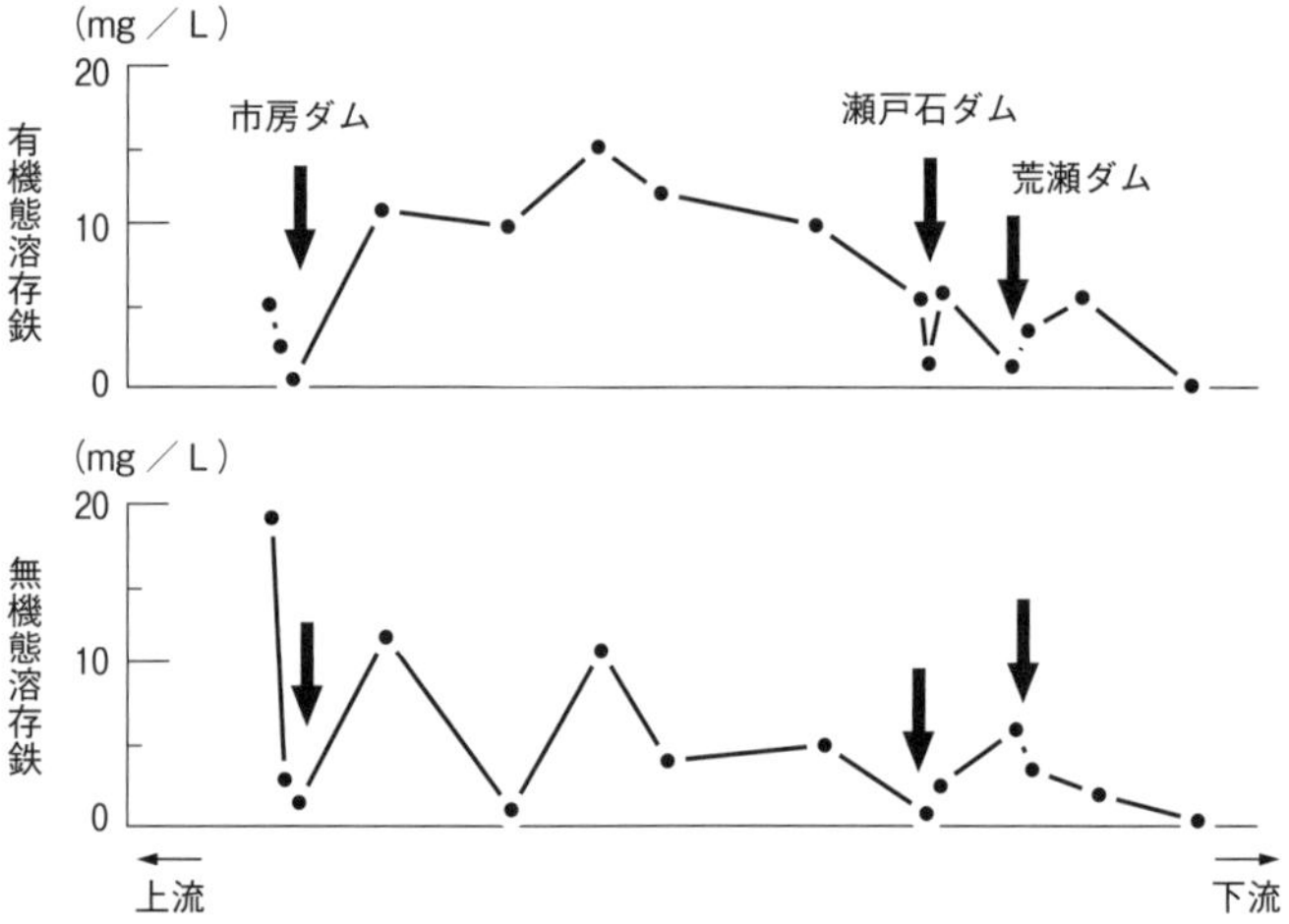

図7-3　球磨川河川水の鉄の濃度

上：有機態の溶存鉄。下：無機態の溶存鉄。鉄は、プランクトンが必要とし、また、最も欠乏しやすい栄養分の一つ。球磨川のダム群の貯水により、濃度が低下することが示されている。熊本県八代海調査委員会資料（2003）を簡略化して転載。

せる最も重要な要因として注目されるのは当然のことだろう。実際、鉄などのプランクトンが必要とする元素は、ダム貯水により、明確に減少することが知られている（図7-3）。

もう一つの鍵は「撹乱」だ。自然や社会の仕組みが、変わらずに安定していることは望ましいことばかりではない。変化のない環境が長く続くことによる資源の枯渇と廃物の蓄積、多様性や生産性の低下などは、自然にも人間の社会にもありそうだ。私たちの社会は、内部からの変革の力や、外部からの圧力により、何度となくその姿を変えてきた。川では、外的な撹乱、例えば、川の形を変えるような規模の洪水が、いったん安定した世界を変えてしまう。川の生物の相互関係は、また振り出しに戻り、ある程度の時間をかけ、元の秩序に戻るか、または新しい環境に応じた少しだけ違った世界ができ上がる。そして、たぶん翌年か、また次の年あたりの撹乱で、すべてはご破算になる。川の生物の世界は、その繰り返しが宿命だ。

ダムによる洪水の制御は、この撹乱の頻度を小さくする。洪水が間遠くなった川では、安定した生息場所を好む生物が侵入してくる。彼らは、撹乱がしょっちゅう起こる場所で生活する開拓者より競争に強く、不安定な川をすみかとする本来の住人を駆逐する。川の景観も機能も変わってしまう。

淀んだ川を嫌う私たちの心

ダムが警戒されるのは、私たちの川に対する伝統的な信仰に障るからかもしれない。川は、流れることにより清らかさが維持されていると、私たちの祖先は考えていたらしい。『源氏物語』の「須磨」の巻に、主人公の源氏が穢《けが》れを海に流す件《くだり》がある。穢れを浄化するのは、流れる水だけだ。流れが止まればその機能は果たせなくなり、逆に穢れを生じる。穢れは、具体的な汚れではない。あるべき秩序が妨げられた状態をさす。本来流れるべき川が止まった状態は穢れなのだ。穢れはうつる。穢された水に棲む魚も穢れ、それを触り、食った人間も穢れる。

長良川河口堰問題が広域化したのは、卓抜な標語の力があったためだ。多くの人を動かした

図 7-4　長良川下流
この川は、天然の河道ではない。江戸、明治の木曽三川分流の工事以後の、人が造った川だ。
上：長良川と揖斐川を分離した「背割堤（せわりてい）」の千本松原。左に流れている川が長良川、揖斐川は松林の向こうを流れている。
下：松林の中には、江戸時代の治水工事に尽力し、命を落とした薩摩藩士を祀る治水神社がある。幔幕(まんまく)の丸に十字は、薩摩・島津家の紋所。

「最後の天然河川」を守れとの主張は、一見奇妙なものだった。というのは、長良川の流れは、何度となく人の干渉により変えられ、また、中下流部の堤防化率も相当高いからだ（図7-4）。さらに、流域の人口も多く、窒素やリンなどの栄養分の濃度は、木曽三川《きそさんせん》（木曽川・長良川・揖斐川《いびがわ》）で最も高い。だが、本川には、大規模なダムは一つもなく、川の流れは維持されていた。科学的な特徴である河川の連続性に加え、流れていて穢れていない川との印象が、多くの人が天然河川との認識を共有する要因として働いたようだ。

流れの維持を川が川であるための最も大切な条件とする発想は、今まで日本の川を守ってきたとともに、現実的な妥協を探る際に、困った問題となる。汚れた水は、工学的な処理により汚染は除去できる。しかし、穢れた水は、いくら高度の処理をしようと水道の水源には敬遠される。穢れがうつった魚介類は、安全性や味が保障されたところで、市場価値は落ちる。ダムを巡る対立は、受け入れるか撤回かの選択しかなくなり、先鋭化する。

科学的な危険性の測定も大事だが、心に生じる不安感も、川の環境と私たちの安全を守るために必要な感覚だ。いくら厳しい監視の網をつくっても、そこから漏れる新たな危険性が次々に出てくるからだ。不安感を取り除くためには、徹底的な調査と、その情報の公開が必要だ。情報を隠すことで混乱と対立を避けようとしても成功しない。現状の正しい理解からしか、実りのある妥協は生まれない。ダム問題では、特にそのことが大事だ。

第8章　ダムによる環境変化はどこまで予測できるか？　軽減できるか？

人の利用は、多かれ少なかれ、河川の環境変化を招く。私たちは自然を変えずに生きていくことはできない。問題は、それをどの程度の確実さで予測でき、効果的な被害の軽減策を提案できるかにかかっている。いずれも、開発行為についての合意形成に不可欠だ。川辺川ダムや設楽ダムの現場では、変化の予測と対策の効果を巡って、公開討論会や裁判で議論が交わされた。

環境変化の予測

一九九七（平成九）年に制定された「環境影響評価法（環境アセスメント法）」は、開発を行う前に、それが引き起こす環境影響を事前に予測し、適切な対応をとることを義務づけた法律だ。愛・地球博（愛知万博）の開催や、辺野古《へのこ》（沖縄県）の米軍基地移転などの大規模な土木工事の報道の際に、この用語を聞いたことがあるかもしれない。

この手続き抜きには、工事に取りかかることはできない。評価によっては、開発を止めることも選択肢の一つである。しかし、予測は事業を行う者が行うことになっているため、「影響なし」か、ある程度の代償措置、つまり、汚染の対策をとったり、貴重な生物をよそに移したりすることで環境は維持できるとの結論に落ち着くのが普通だ。一方、開発に反対する側は、調査項目の欠落や不備、解釈の誤りを突き、予測は信用できず、したがって事業は認められないとの意見を表明することができるため、この法制度を開発阻止の有力な武器と認識しているようだ。残念ながら、今のところ、利害の異なるグループの間の対話と合意形成の道具として環境影響評価法が機能している例は少ないように思われる。

さて、ダム問題での、環境影響の予測はどのくらい確かなものだろうか。時間と予算をつぎ込めば、将来の変化は的確に予想できるのか、それとも、将来は未だ人智の及ばない不確実性の大きいものだろうか。これは、予測する事項により異なる。水温や濁りなど、気象やダム湖の性状の物理的な条件だけで決まる現象はかなり正確に予想できるが、プランクトンの発生など、化学的、生物的な要因が加わる問題については、確度が落ちるようだ。今まで重要視してきた水温や、濁り、プランクトン発生の予測について、実例を紹介しよう。

予測の手法

ダムによる環境変化を予測する際、通常三つの手法が使われる。

第一の手法は、既存の事例からの類推だ。ダムができた川ではどのような変化が起こったか詳しい資料を集めることによって、新しく造られるダムで何が起こるかを知ることができる。しかし、ダムができてからはともかく、建設以前の資料は非常に乏しいのが常だ。何も問題が起きていない川の観測など、研究者の興味を引くものではない。あれほど大きな問題となった長良川河口堰の現場でも、建設以後の事業者や外部の研究者の観測事例はたくさんあるものの、建設前の環境を知るための資料はごく少ない。また、川もダムも、一つとして同じ規模で同じ性状のものはない。他の事例からの類推を、比較の要件を備えていないとして、批判することは容易なことだ。

第二の手法は、経験的モデルと呼ばれる手法だ。多数の既存の観測事例から、変化の要因と結果の簡単な関係式を導き、新たなダムの影響を予測する。例えば、プランクトンの発生量は、リンの流入量や湖の水深と強い相関関係を持つ。ダムの建設以前に、影響を及ぼす要因が量的にわかっていれば、プランクトンの発生量はおおよそ知ることができる。日本のダム湖でプランクトンの発生を予測する際、良く使われる関係式は、「フォーレンヴァイダーの式」と呼ばれるものだ。もちろん、この方法も、第一の手法と同じく、関係式が導かれた湖沼からかけ離れた条件のダム湖に適用することはできないのだが、数値としてプランクトンの発生量が示されると、意外に簡単に信用されてしまう。

第三の手法は、数値モデルと呼ばれるものだ。実際に貯水池で起こることを、すべて数字と数式で表現する。例えば、プランクトンの発生であれば、栄養分の濃度や温度などの要因と、その影響を受けるプランクトンの栄養の取り込みや、増殖、死滅する速度などの関係を数式にし、様々な条件を数値として与え、時間的な変化をコンピューターの中で再現してみる。ダム湖の中の環境と生物の応答は多岐にわたる。高速で計算ができる機械があればこそ、できる手法だ。ダムの環境影響評価での、水温や濁り、プランクトンの発生は、もっぱらこの方法で予測される。

予測の精度

環境影響評価の報告書を見ると、何ページにもわたる数式と、結果を示す数字からつくられた図表の量に圧倒されるかもしれない。だが、論理やデータを検証せず、短くわかりやすくまとめられた結論を鵜呑みすることは危険だ。予測の精度や、それが意味する川の変化を読み解き、将来の選択に生かさなければならない。

まず、予測の精度を確かめてみるべきだ。きちんと予測できているならば、計算した予測値と実測値に、相関関係がみられる。まだでき上がっていないダム湖については、その作業は不可能だが、すでに運用されている良く似た自然条件のダム湖での検証結果が付けられていることが多い。

例えば、川辺川ダム（熊本県）については、近くの鶴田《つるだ》ダム（鹿児島県）の観測値と予測値

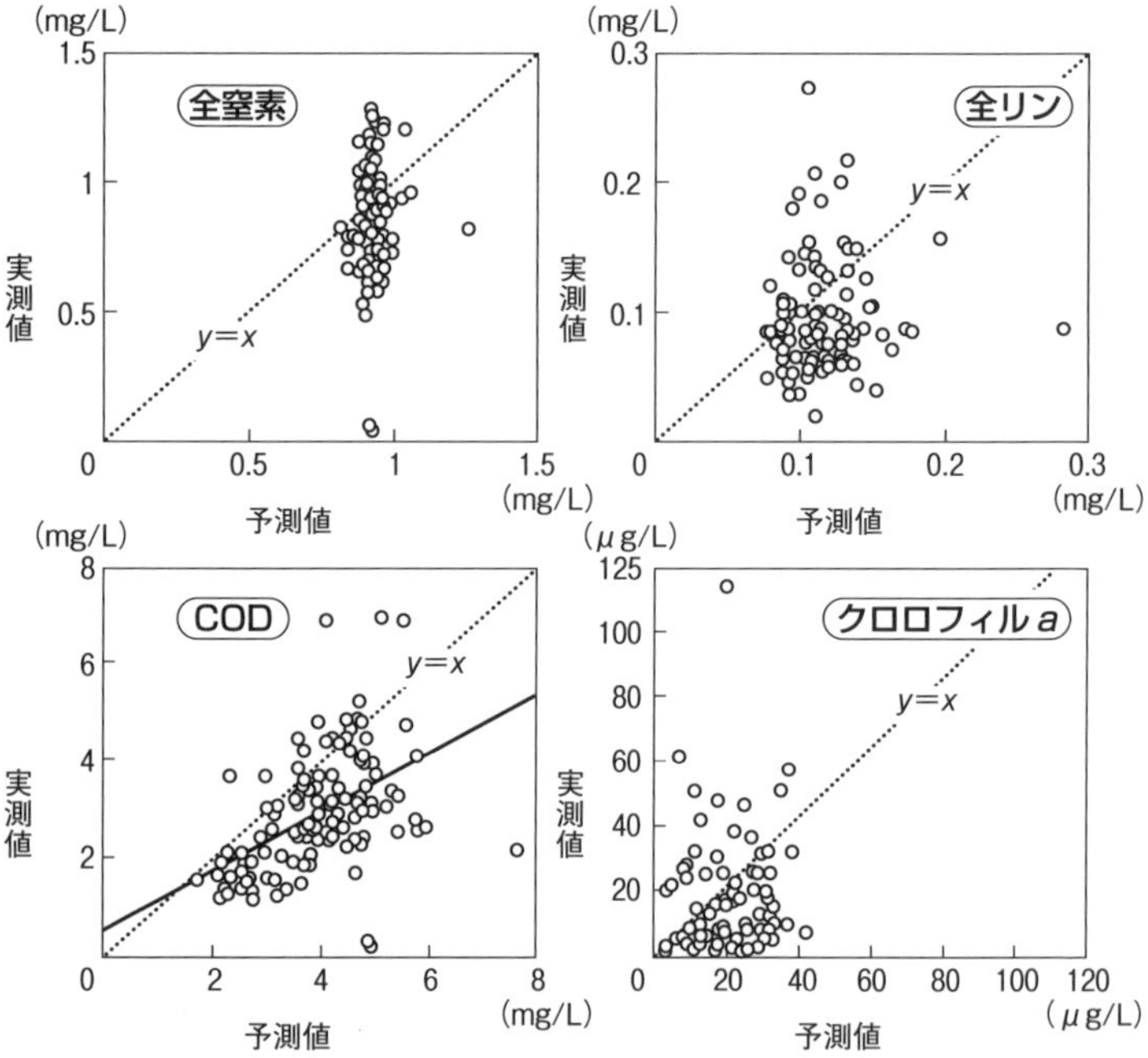

図 8-1　川辺川ダムの水質予測と実測値の比較

栄養分の窒素、リン、有機物の量を示す COD（化学的酸素要求量）、植物プランクトンの量の指標となるクロロフィル *a*（葉緑素）の実測値と予測値を示す。川辺川で使われた数値モデルを鶴田ダム（鹿児島県）で検証したもの。いずれも相関関係はみられず、予測はうまくいっていない。リン、窒素、COD の単位「mg」は 1000 分の 1g、クロロフィル *a* の単位「μ g」は 100 万分の 1g のこと。事業者の予測結果から作図。

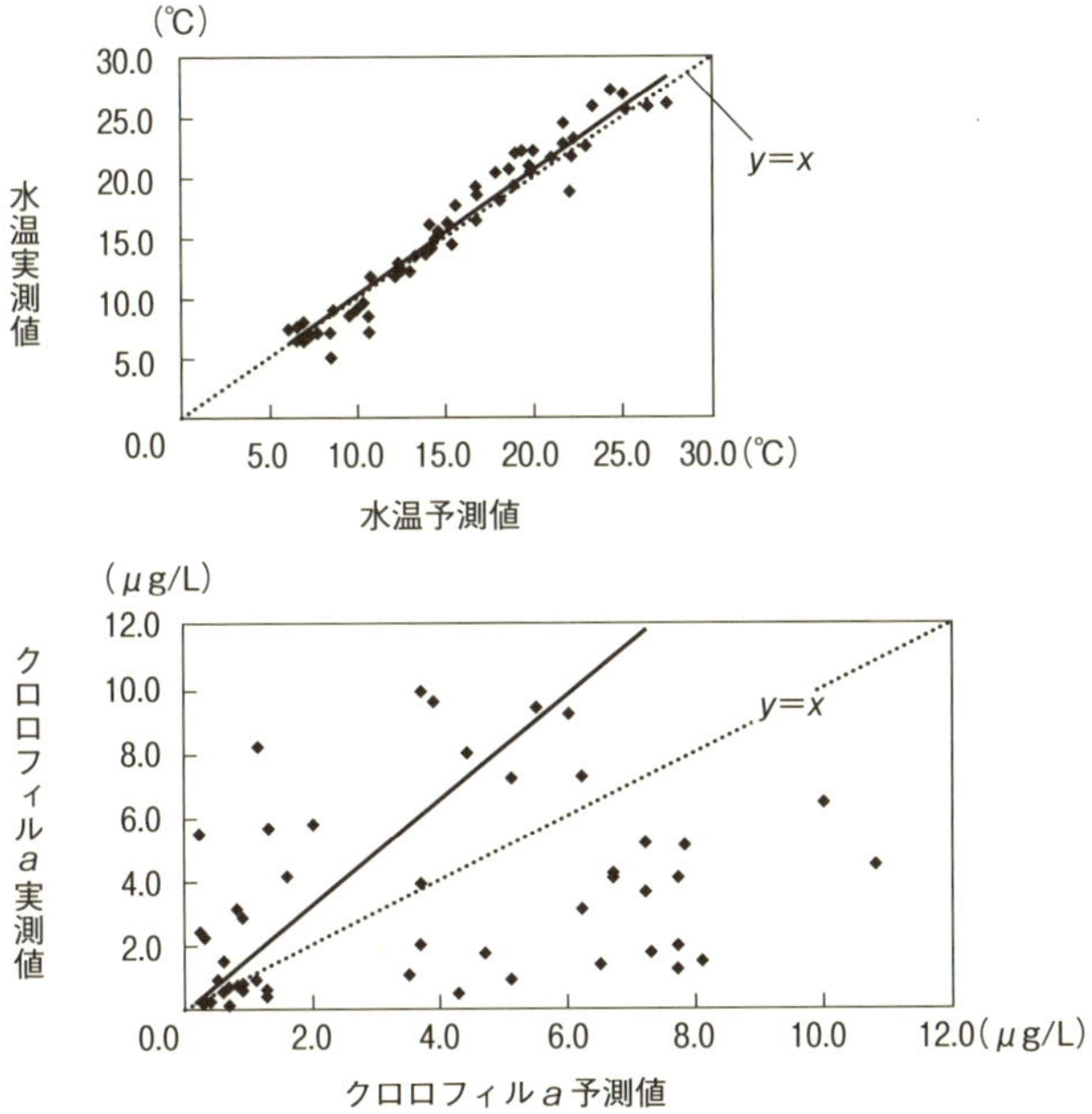

図8-2　設楽ダム（愛知県）のプランクトン発生の予測値と実測値の比較

下久保ダム（群馬県）での検証結果。水温の予測精度は高いが、クロロフィルaの予測値と実測値は、傾き1の直線から離れて、ばらついている。事業者の予測結果から作図。

を用い、検証されている。予測値と実測値の一致の程度をみるには、それぞれを同じ尺度で縦軸と横軸にとり、散布図として示すとわかりやすい（図8-1）。予測値と実測値が合っているならば、点は、傾き一の直線に沿って並ぶはずだ。ばらつきが大きかったり、直線の傾きが一でなかったりするならば、予測は信用ならないことになる。残念ながら、鶴田ダムでの検証結果では、予測値と実測値の不一致は大きい。

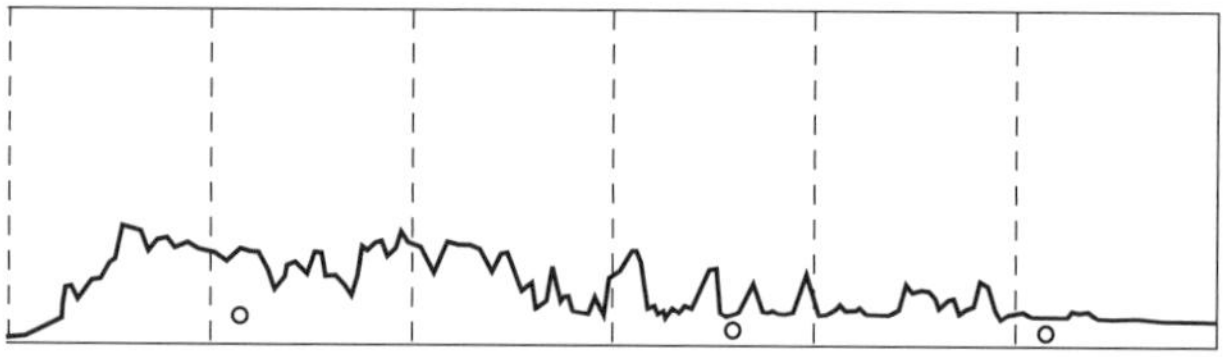

川辺川ダムの事例だけではなく、他のダムでもそうだ。愛知県の設楽ダムのプランクトンの発生予測でも同じように、予測値と実測値のずれは大きかった（図8-2）。

比較的簡単に数式化できるプランクトンの発生量さえ、現在の知識では明確に予想できないのだ。ましてや、どんな種類のプランクトンが発生するかなどの質的な面になると、予測はさらに難しくなる。単細胞のプランクトンではなく、複雑な体のつくりで、環境や共存する多くの生物との関わりで生活が決まる大型の鳥や哺乳類などへの影響は、なおさら不確実性は増すだろう。

予測の考え方

モデル予測に、少し厳しい評価だったかもしれない。水温などの物理的な条件だけで決まる環境については、精度良く予測できることもつけ加えるべきだろう。また、予測モデルの考え方自体に問題があるわけではなく、計算に使われる現場の数値、例えば、栄養の

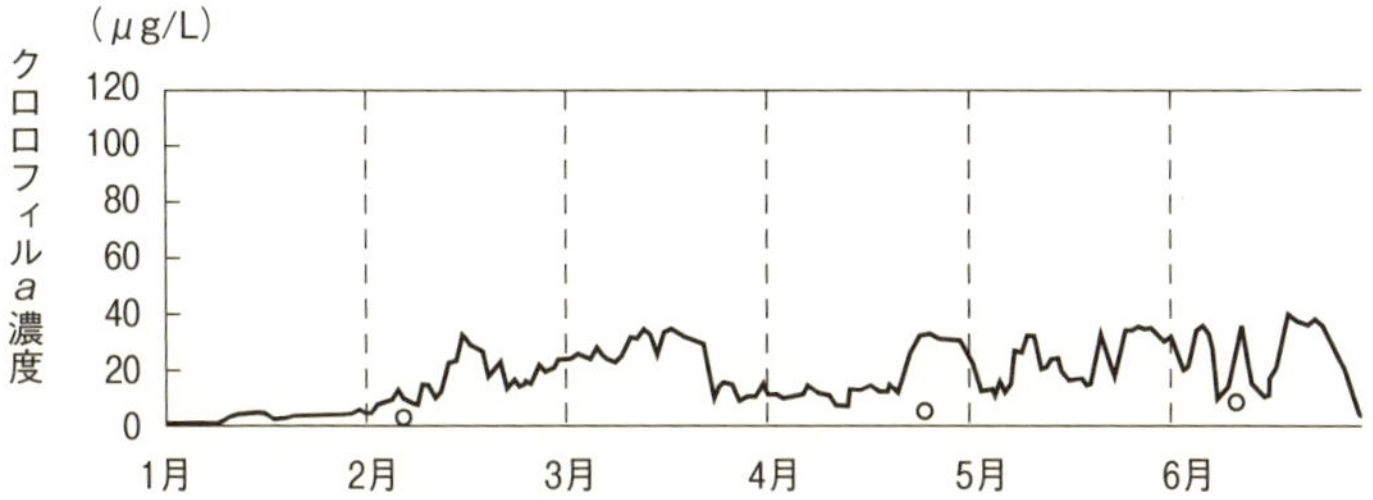

図 8-3　公表された検証結果の一例

川辺川で使われた植物プランクトン発生予測モデルを鶴田ダムで検証したもの。実測値は丸印、予測値は連続した曲線で示されている。発生量は、植物プランクトンが細胞内に共通に含んでいるクロロフィル*a*（葉緑素）単位で表示されている。プランクトンの発生が目にみえるほどならば、クロロフィル*a*濃度は 100μg／L を超す。日本の川のそれは、検出できないほど低い場合が多い。事業者の予測結果報告書より 1990 年度の部分を転載。

濃度やプランクトンの増殖速度などの値の信頼性が低いとの理由もある。ダム湖のプランクトンの発生予測のズレが大きいことは、予測の価値がないことを示すものではない。ズレを見込んで、ダム建設の是非を判断し、対策を講じれば良いことだ。

しかし、往々にして、事業者側の説明は、将来の環境変化に対する不安を封じるための役割しか果たしていない。川辺川ダム（熊本県）の環境影響評価の際に示された予測結果は、実際には、図8-3のようなグラフで示された。この図から、予測の精度を知ることができるだろうか。季節とともに変動するプランクトンの量の予測値は連続した曲線で、実際に測定した値は丸印で示されている。

実測値は数が少ないため、線で示された連続的な予測値の増減傾向と一致しているかどうか判定できない。一見、実測値と予測値が良く合っているようにみえるところもあるが、表示の仕方によって印象はずいぶん変わる。縦軸の目盛を縮めれば、曲線と丸印は接近し、予測値と実測値が一致している印象が強まるが、長く拡大すれば、ズレが強調される。グラフによる表現は、文章や表による説明よりも、直接に感覚に訴える力が強い。縦軸と横軸の不自然な目盛表示、グラフの足切りなどは、良く使われるごまかしの技術だ。丸印を大きくするだけでも、誤差を小さくみせることができる。誤解を避けるには、つくる側は慎重な配慮が必要だし、読み取る側も作為に注意するべきだろう。

予測値と実測値が一致していないことを示す図8-1や8-2は、事業者がつくったものではない。川辺川と設楽の二つの事例では、公開されたのは、数十ページにもわたる図8-3のようなものだけだった。年、季節、予測項目ごとにこのようなグラフが一枚ずつ描かれるため、膨大な量となるのだ。グラフの基になった数値は公開されていないので、外部の者が、本当の予測精度を知るためには、公開された図ごとに物差しを当てて、数値を読み取り、図8-1や8-2のようなグラフを描き起こさなければならない。統計やグラフ表示のソフト・ウェアが発達した今日、無駄な作業が強いられる。

精度だけではなく、最終的な結果で、各要因の関連が、物理的にも生物的にも妥当な数式で示されているかどうかも確認する必要がある。生物の反応は、簡単な一次か二次、または指数関数の数式で示されることが多い。複雑な数式に騙されてはいけない。いくら予測値と実測値が合っていたとしても、それは数式をいじることによる帳尻合わせの結果であり、現象を説明し、対策を考えるための資料とはならない。現実の水の中で起こっている現象は、すっきりした数式で説明されるものばかりだ。

予測の結果の数値も、自分の生活実感に翻訳して理解することが必要だ。「ダムを造っても環境基準は達成されるから大丈夫」との事業者側の見解を聞いたことはないだろうか。「環境基本法」という法律では、河川や湖、海の水質の基準が決められている。しばしば問題にしている濁りについては、最も厳しい基準が適用される川では、懸濁物質（ＳＳ：水の中に浮遊している濁り物質、例えば粘土粒子や細かくなった動植物の破片）の量は二五㎎／Ｌ《ミリグラムパーリットル》（水一トン当たり二五グラム）以下に抑えることが目標とされている。

では、ＳＳが二五㎎／Ｌの水とは、私たちにはどうみえるのか、答えられるだろうか。天竜川の濁りのひどさを説明したときに透視度という単位を使った。ＳＳと透視度、どちらも濁りの目安であって、川ごとに多少の違いはあるが、換算できる。びっくりするかもしれないが、天竜川の観測資料で「ＳＳ、二五㎎／Ｌ」を透視度の単位に直せば二〇㎝以下となる。要するに、「一番厳しい環境基準を満足する」ことは「白い紙に書いた標準的な大きさのワープロの文字（一〇・五ポイント）を、二〇㎝の深さに沈めると読み取れない程度の濁りは我慢してほしい」と言っているのと同じことだ。あの天竜川でも、そこまでひどい濁りは、一年のうちの二割ほどの日にしかみられない。もちろん、友釣りなどできやしない。

クロロフィル（葉緑素）に至っては、そもそも環境基準値がない。長さが短く流れの速い日本の川にはプランクトンが発生する例はごく希であるため、設定の必要もなかったためだろう。設楽ダムでの目標値は、年平均八～二五μg／L《マイクログラムパーリットル》、ピーク値二五～七五μg／Lの目標値が事業者により示された。二〇μg／Lを超えるほどのプランクトン発生は、水の色の変化として、私たちにも感じ取れるほどだ。こんな異常な値を目標値に設定すること自体、川が全く変わってしまうことを認めたようなものだ。目にみえる濁りやプランクトンの発生でもこんな状況だ。さらに抽象的にしか理解することができない窒素やリンの濃度については、事業者側の真摯な説明と、住民側の納得できるまで質問する根気や日頃の勉強が必要になる。

環境影響は軽減できるか？——選択取水と清水バイパス

環境影響の報告書では、多少の川の変化はあるかもしれないが、対策をとるから大丈夫との表現もみられる。水温の変化や、濁りなどの障害の歴史はずいぶん古く、したがって、様々な対策が講じられている。成功しているものもあれば、うまくいっていないものもある。

水温や、濁り、プランクトン発生に対しては、「選択取水」という方法がとられる。以前のダムは、湖の底層から水が抜かれる形式が普通だったが、現在では、水を出す位置を変えることができる施設が増えている。水温の低い水や濁った水は底層に分布していることが多く、また、プランクトンは光を求めて表層に集まるため、下流に流す水の用途に応じて、取水の深さを変えれば、問題は解決できることになる。しかし、いつも、適当な水温、水質の水がとれる保証はない。何かを我慢せざるを得ない場合もあるだろう。また、冬になると、水温成層が解消し、底泥が巻き上がりやすくなり、ダム湖の全層が濁ることもある。そんなときには、選択取水は、濁りの少ない層を選択する機能を発揮することはできない。

濁り対策については、近年、濁水バイパス、清水バイパスと呼ばれる手法が導入されるようになった（図8-4）。大雨が降れば、どんな川でも濁る。そんなときは、ダム湖に濁りを入れないようにして、ダムを迂回して、濁った水を素早く下流に流し去る（濁水バイパス）。また、雨の後、ダム湖が濁って、下流に濁りが流れ出すようならば、ダム湖から濁り水を出さず、すでに澄んでいる上流の水を、ダムを経由せずに流す（清水バイパス）。この方法は、十津川《とつかわ》水系（奈良県）の旭《あさひ》ダムで成功を収めた。しかし、この操作のため、年間の流量の約五〇%が、ダムを経由せずに流される。こんなことができるのは、旭ダムが、上流から流れ込む水に頼らず、標高の異なる上下二つの貯水池で水を行き来させて発電する「揚水ダム」という形式だっ

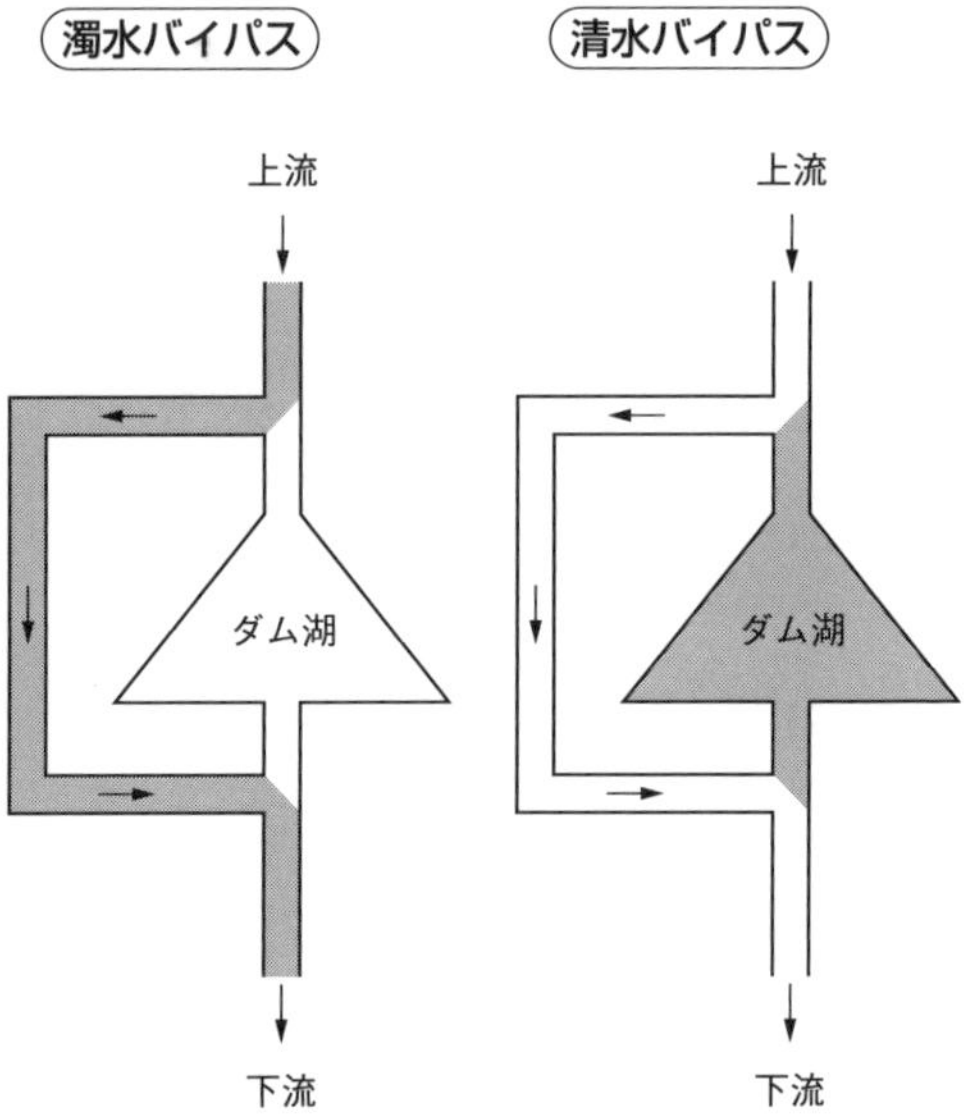

図 8-4　濁水バイパスと清水バイパスの運用
左：濁水バイパス。ダムに濁水（上流の影を付けた水）が入らないようにする運用。
右：清水バイパス。ダムの濁水を下流に流さないようにする運用。

たからだ。

揚水ダムとは、深夜の電力需要の少ない時期、余って使うあてがない電力を利用し、下部ダム湖の水を上部ダム湖に汲み上げ、需要が多い昼間に下部ダム湖に落として発電する形式の発電用ダムだ。普通の利水目的のダムで、大量の水をダムを経由せずに流す運用ができるかどうかは、ダムごとに検討する必要があるだろう。また、この操作で、澄んだ流れが回復したのは、旭ダムがある一支川だけで、他にも多くのダムが運用されている十津川本川全体の濁りは未だ解消されていない。さらに、澄んだ水を流す清水バイパスはともかく、濁った、つまり土砂を多く含む水を流す濁水バイパスとして使えば、土砂がバイパス・

トンネルの内壁を削り、維持管理が大変になるおそれもある。

どちらの技術も、ダムの場所や、運用法、実施の時期などの条件により、うまくいくかどうかが決まる。それらの操作に要する費用も考慮されなければならない。しかし、ダムの建設が問題となっている現場で、細かい条件や費用についての情報が十分に伝えられているとは言えない。例えば、川辺川での議論では、山一つ越えたすぐ近くにある一ツ瀬《ひとつせ》ダム（宮崎県）では、選択取水を導入しても濁りが解消していないとの情報も、また、濁りの軽減に成功を収めた旭ダムが揚水ダムであり、計画中の川辺川ダムと違った運用であるとの事実も、事業者側からは積極的に発表されなかった。

穴開きダム

「日本では、川の流れを妨げないように、穴の開いたダムが計画されている」と、外国人のダム撤去運動の活動家に話したところ、何かの冗談なのかと怪訝な顔をされた。水がためられない、漏るダムなど何の役にも立たないではないか。ところが、この穴開きダムは、すでに運用されている。島根県の益田川《ますだがわ》ダムがその例だ（図8-5）。もちろん、日本だけではなく米国などにもある。

穴開きダムとは、ダムの堤の最も低い底に放流口を設け、常時開放する形式の治水目的専用の施設だ。穴開きダムも、貯水ダムと同じように、増水の際、大量の水をため、下流の水位が

図 8-5　穴開きダム（益田川ダム・島根県）
上：下流からの景観。
下：上流からみたダム。矢印は、常時開放されている水門。
　　水位変化のためか、水辺に近い両岸の樹木は枯れている。

上がることを防ぐ。しかし、ダムにたまった水を一滴も出さないわけではなく、常時開放されている穴を通して一定量が放流される。一挙に大量の水が下流に到達することはないため、立派に洪水調整の役割を果たす。また、通常の流量の際は、水や土砂、生物は穴を通じて、妨げられることなく通過することができる。

ダム建設により、河川の環境に影響が及ぶことが懸念されている地域では、この形式のダムの導入が提案されるようになった。では、実際に、河川の生物への影響は軽減されるのだろうか。

私たちは、益田川に造られた穴開きの益田川ダムと、その支川にある従来の貯水池を持つ笹《ささ》倉《くら》ダムの上下流の水生昆虫の種類組成を調べてみた。二つのダムは、ほぼ同規模の堤の高さで、川の規模も似たようなものだ。ダム下流特有の水生昆虫の割合を比較することにより、その効果が検証できるかもしれない。

幸いなことに、二つのダムの上流の水生昆虫の種類組成は良く似ていた。これなら異なる形式のダムの比較ができる。注目すべきは、ダム下流で増える造網型トビケラだ。笹倉、益田川の両ダムの上流では、造網型のシマトビケラの生息密度は、それぞれ一㎡当たり四八個体、七五個体と、ほとんどいなかった。貯水池を持つ笹倉ダムの下流では、シマトビケラは、約五〇倍の一㎡当たり二四〇〇個体に増加していた。これは、多くのダム下流の河川にみられる傾向だ。一方、穴開き型の益田川ダムでは、一㎡当たり五七〇個体と、増加の割合は小さい。

水の漏る穴開きダムは役に立つのだろうか？

穴開きダムでは貯水されず、したがって、造網型トビケラの餌となるプランクトンの発生もなく、トビケラの極端な増加が抑えられたものと推測できる。

一方、両ダムの上流ではほとんどみられなかった鰓に覆いを持つカゲロウは、両ダムの下流で、ともに一〇倍以上、生息密度が増えていた。この種を濁りの指標とみなせれば、濁りの軽減については、両ダムとも成功していないと考えられる。穴開きダムであっても、上流の水位変化は大きく、川岸の斜面のかなりの部分は裸地だ。そこからの濁りの供給は抑えられずにいるに違いない。

多くの水生昆虫は、川に棲む幼虫時代には、川を流れながら生活し、羽化し成虫になると上流に遡り産卵する。穴開きダムは、流れに棲む水生昆虫の幼虫の流下は妨げないが、飛ぶ力の弱い成虫が上流に向かう際、ダムの高い堤を越えることは難しいかもしれない。土砂の流下にしても、ダムがない川と比べると、すべてが下流に流れているわけではないようだ。様々なダムの弊害の何が解決し、何が課題として残されているのか、計画ごとに検討する必要がある。

最も大きい問題は、貯水池のない穴開きダムは、治水専用にしか使えないことだ。水をためてそれを利用することはできない。多目的ダムの一つを穴開きに改造したら、水の需要を減らさない限り、どこかに利水のための貯水地を造らなければならない。ダムの環境影響を軽減するどころか、ダムの数を増やすことにもなりかねない。

ダムの環境影響の現状、予測、対策

ダム湖の中や、その下流で起こることについては、まだ、情報は非常に乏しい。将来予測は信頼性を欠くし、対策の効果は限定的だ。これは、研究者の怠慢や、ダムの負の影響を洗い出す研究について投じられた人材や資金の少なさだけが問題ではない。もちろん、それも大きな原因だが、元々いくらお金や人手をかけても、すべてがわかる問題ではないからだ。

何かを決定する際、たくさんの情報が使えるほうが、方針に間違いはない。しかし、私たちが直面する大半の課題は、情報の乏しい中で、決定が迫られる。そのような局面では、今まで、問題の先送りや権威への依存、諦めなどの無責任が幅をきかせていた。これからは、そうであってはいけない。予測があやふやであれば、最悪の事態を想定して、政策を決めるべきだ。対策の効果が不明ならば、状況の変化により、政策が転換できるような仕組みをつくらないといけない。

第9章　ダムと災害

ダムの環境影響について、今まで話してきたが、環境に障るからダムの建設を止めろと主張しているわけではない。私たちは、自然の災害から身を守り、自然を利用することでしか生きていけない。

もちろん、自然は私たちに尽くすものであると考えるような、いわば行き過ぎた人間中心主義は、倫理的にも、また、実利的にも正しくない。自然を壊して恥じない社会は人についても酷薄であるし、また、無制限の自然の収奪は、自然の恵みを持続して使う道を閉ざし、結局私たちの利益にはならない。一方、自然の摂理のままが望ましく、人はその枠内で生きるべきであるとの、これも極端な自然中心主義も全面的には受け入れられない。私たちは、すでに自然の中の動物ではなく、人独特の文化と社会の中で生きている。元にはもう戻れない。

私は人の安全を確保し、生きていく糧を提供するための最低限の自然改変は受け入れるべきだと考える。自然環境を守ることは、絶対的な価値ではなく、治水や利水の安全との兼ね合いで決まる相対的なものだ。安全と豊かさを享受している私たちは、これ以上の贅沢のため、自然を痛めてはいけない。しかし、洪水と水不足に悩む人たちの自然の改変と利用を、一概に非難することも誤りだ。

ダムの環境影響の勉強は、環境と生物の問題を扱っておしまいではない。治水や利水、費用負担のこともある程度知らないと、環境をどのように維持するかの決定は下せないだろう。治水や利水に効果のないダムについては、いくら環境影響が軽微で、修復策が万全だろうと、認めることはできない。命を守るのに不可欠のダムであれば、費用がかかろうと、環境に甚大な負担があろうと、造らざるを得ないのが私たちの宿命だ。

現代のダム論争の多くは、環境と、開発つまり治水や利水との対立の構図ではない。治水や利水の効果が争点となっているのだ。ダムが、本当に私たちの生活を守ってくれるのかが問われている。

人吉を襲った洪水──ダムの限界と効果の過信

ダムを造る目的の一つは水害を防ぐことだ。多量に降った雨をため、その分だけ川の水位を下げれば、堤防はより安全になる。しかし、ダムが水をためる量には限界があり、それを超えた大雨の被害を防ぐことはできない。雨の降り始めから、下流への放流を極力少なくすれば、中小の水害は防げるが、すぐにダムは満水になり、大水害に対応できない。また、当然のことだが、ダムが水を集める集水域以外に降った雨には、全く無力だ。

一九六五（昭和四〇）年七月、熊本県の人吉盆地を洪水が襲った。梅雨前線豪雨による、最大で一秒間に五〇〇〇㎥もの水は、六名の死者と一二〇〇戸以上の家屋の損壊・流出など、甚大な被害をもたらした。今でも、人吉市内の至るところに洪水の痕跡が残されている。建物の柱に、人の背丈よりもはるかに高いところに記されている染みがそれだ。地元の人たちによれば、それまでの洪水と違い、避難する間もなく、水が急激に増えたとのことだ。

今までとは様相の異なった洪水は、五年前に造られた球磨川上流の市房ダムが原因との声が上がった。ダムは、増水した水を一時的にため、下流の水位が上がるのを防ぐ。しかし、限度以上に水がたまれば、ダムの決壊を防ぐために、貯水池の水を流さなければならない。人吉盆地は、球磨川本川と匹敵するほどの規模の川辺川をはじめとし、多くの支川が集中する地域だ。降水の最も激しい場所は時間ごとに移動し、したがって、各河川の増水の時間もずれる。市房ダムの放流の時期の判断を誤り、放流の開始が支川の増水時期と一致したのではないかと疑われたわけだ。

それに対して河川管理者は、ダムが満水になり洪水調整の機能がなくなったとしても、流入水以上の量の水が下流に流れ出すことはなく、ダムは水位を下げることに役立ったと説明した。確かに、公開されたダム下流の水位は、ダムがないとして計算した水位と比べ、最も流量が増えた時間帯に三〇㎝ほど下がっている。ダム犯人説は成り立たない。しかし、ダムが全く無関係であったかと言えばそうではない。

この事例は、ダムに頼る洪水対策の限界と、その効果を過信することの危険さを示している。

大規模な市房ダムを造り、洪水対策に充てるとの目的は市民に理解されていたとしても、水位低下の効果が具体的に知られていたわけではないだろうし、ましてや、ダムの操作上、実際には計画されていた洪水流量削減分の半分しか効果を発揮しない、つまり、予定されていた量の半分しかダムに水がためられない場合もあることなどは、事前に行政により住民に周知されていたとは考えられない。ダムができたことで洪水対策は済んだとの過信と、安全への期待が裏切られたことによる行政への不信が、根強いダム犯人説の背景にあると解釈するのが妥当だろう。

この事例のような川辺川の集水域に集中した降雨を、球磨川本川に造られたダムで制御できないのは当然のことだ。この水害をきっかけとして、今まで大規模な洪水調整ダムがなかった川辺川にもダムが計画されることになった。一方、一九六五年の川辺川の増水は、集水域の森林が整備されておらず、保水力が低下していたためであって、現在では、森林の成長により洪水が制御できるとして、ダム建設を不要とする意見も出された。ダムの必要性についての議論は、治水だけではなく、利水や環境影響の面も加えて、二〇〇〇年代の川辺川ダム論争に引き継がれている。

ダム上流の堆砂と下流の侵食

ダム上流の堆砂も水害の原因となる。土砂はダム湖だけではなく、その上流の流れが緩くなった河川にもたまる（図9-1）。土砂の堆積により断面積が小さくなった川に、大量の水が流れ込めば、同じ流量であっても水位は以前より高くなり、水があふれやすくなる。天竜川の佐久間ダムの上流での水害の頻発はこのためだ。

ダムの下流では、土砂の供給がダムにより妨げられ、河床を造る砂や礫は流出する一方となり、川は深くえぐれてくる。深く河床に打ち込まれた橋桁も抜け上がり、危険な状態になることもある（図9-2）。川の水を取り入れる水門も、水位が極端に下がれば、造り直さなければならない。影響は、川の中に限られるわけではない。川の伏流水に頼る井戸も涸れる。海岸の砂浜も痩せる。

ダムにたまった土砂を下流に流すことができれば、被害は軽減できるのだが、ダム湖の水位を下げなければ、土砂は流れない。しかし、ダム湖が浅くなれば、濁りが巻き上がり、下流の濁りがひどくなる。天竜川の下流では、毎年春先に、土砂を流す実験をやっているのだが、その時期、天竜川は特に濁りが深刻になる。

図9-1　ダム上流での砂の堆積（天竜川の佐久間ダム上流・静岡県）
上：川全体の様子。対岸の山の下に写っている水面から岸までの高さが堆砂の厚み。
下：堆砂の様子。細かい泥がたまっている。乾くと風に乗って舞い上がる（写真提供：天竜川漁協）。

図9-2　ダム下流での河床の侵食（天竜川・鹿島鉄橋）
上：1970年撮影（写真提供：天竜川漁協）
下：2012年撮影
　以前は、河床に深く打ち込まれていた鉄橋を支える２本組のコンクリート製の橋脚の基部が露わになっていることがわかる。下の写真の対岸にみえる岩は、以前は砂に埋もれていた。

ダムと地震

二〇一一（平成二三）年三月一一日に東北地方を襲った大地震は、福島県須賀川市《すかがわし》の藤沼《ふじぬま》ダムを破壊し、七名の死亡者と一名の行方不明者の被害を出した。同ダムは、高さ一八mの土で造られたアース・ダムだった。

日本でのダム決壊は地震によるものだけではなく、増水による事故もある。北海道・雄武《おうむ》町《ちょう》の幌内《ほろない》ダムは、一九四一（昭和一六）年に決壊し、この事故による死者は六〇名に達した。同ダムはコンクリート製だ。堤の高さは六mであったとの記録もあるが、一三mだったとの説もある。残された写真からは後者の規模のように判断できるが、いずれにしても、堤の高さからは法律上定義されるダムではない。

日本のダム事故は、海外のそれとは異なり、大規模ダムでは起こっていないことが、しばしば強調される。藤沼ダムも土の堤で、ため池のようなものだ。幌内ダムは堤の高さも低く、また戦時中のことであり、手抜き工事だった可能性もある。

しかし、今までの事故が、狭義のダム、つまりコンクリート造りの一五mを超すダムの事故ではなかったことを根拠として、現在のダムの安全性が保障されたことになるのだろうか。

二〇一一年の東日本大震災で原子力発電所の安全神話が崩れたように、幾重もの安全装置を備えたのにもかかわらず起こるのが事故だ。

最も不思議で問題なのは、幌内川の事故が、これまでのダム論争で、議論の俎板《まないた》にのせられなかったことだ。隠されているのではないだろうが、何が原因で、何が起こったのかなどは、もっと知られて良いことだろう。戦後に造られたダムでも、すでに五〇年を経過している。コンクリートの劣化もあるだろうし、堆砂のために、越水による堤の破壊の危険性も増しているに違いない。いたずらに危機感をあおるのも問題だろうが、安全性について見直す時期に来ているように感じられる。

ダムと地震の話題については、ダム貯水による地震の発生についても述べておくべきだろう。ダムができた後に地震が起きた事例は、一九四〇年代から知られていた。以後、アメリカ合衆国のミード湖や、アフリカのザンビアとジンバブエにまたがるカリバ湖などの大ダム湖でも、地震の頻発が報告されている。

しかし、地震が起きる機構については、良くわかっていない。貯水により基礎の岩盤に水が浸みて滑りやすくなったり、たまった水の重さで地盤がたわんだりすることが想像できるが、ダム貯水池の水位の変化と地震の頻度が、必ずしも関連している例だけではない。

日本でも、一九七〇年代に、黒部《くろべ》ダム（富山県）での観測が報告されている（図9-3）。こ

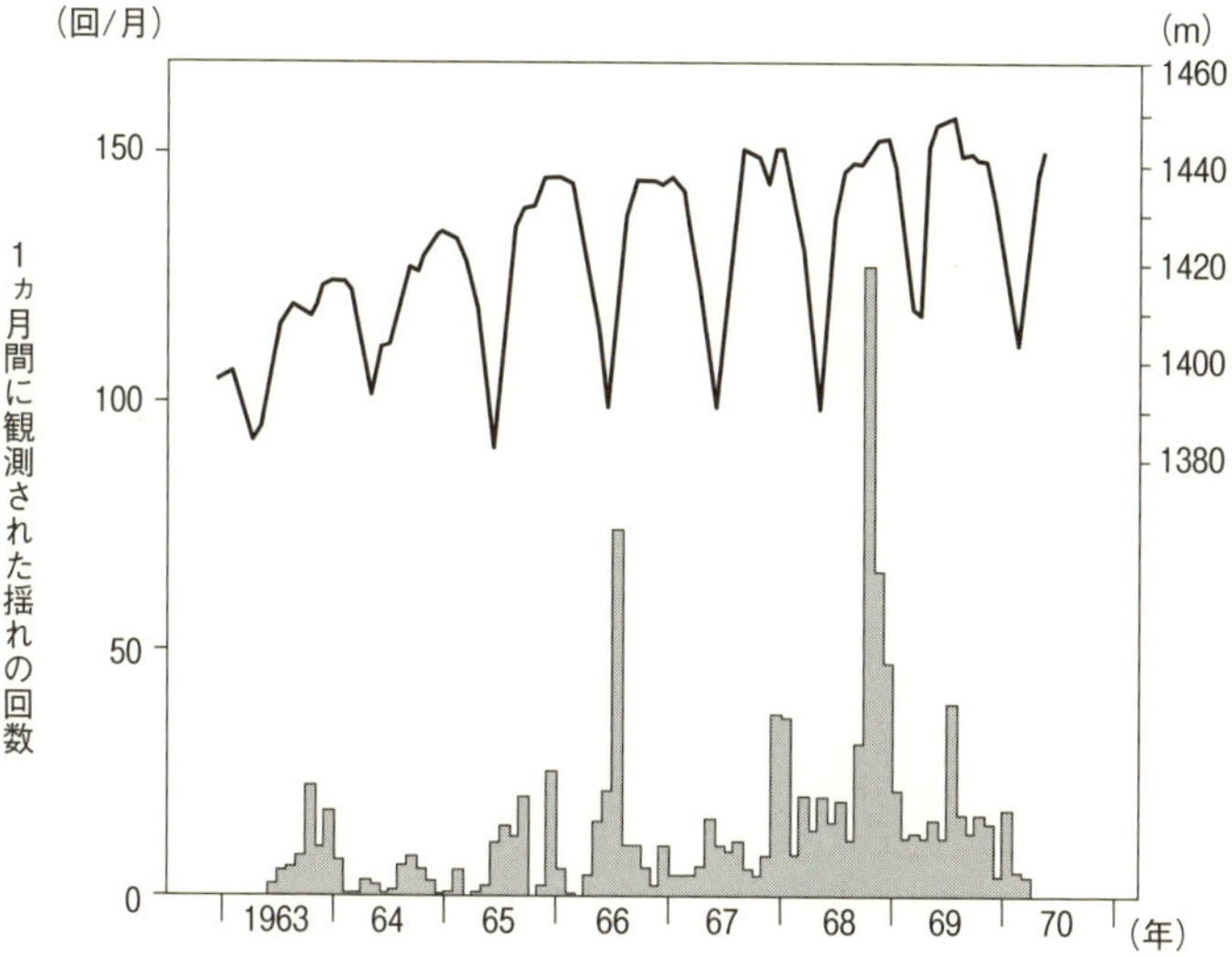

図 9-3　黒部ダムで起きた地震の数と貯水池水位の関係
線グラフは貯水池の水位（m）、棒グラフは１カ月間に観測された揺れの回数（回／月）。水位と揺れの頻度には関連があるようにみえる。Hagiwara & Ohtake（1972）より転載。

の例では、水位の変動との関連がありそうだ。幸いなことに、時とともに、地震の発生頻度が増加する事例は今まで知られていないが、黒部ダムの例では、その後の調査はない。

その他の地球規模の障害

ダムが造られた地域の環境だけではなく、地球全体にも影響が及ぶと考えている研究者もいる。地球温暖化に寄与する二酸化炭素やメタンなどの「温暖化ガス」の問題だ。ダムに沈んだ陸上の樹木や、ダム湖内で生産されたプランクトンなどの有機物が湖底で分解することにより、水中の酸素が消費され、二酸化炭素が発生する反応は、すでに紹介した。酸素が少ない場所では、二酸化炭素よりも温暖化効果の強いメタンも発生する。火力発電は二酸化炭素排出の元凶とみなされているが、水力発電のためのダム湖も、海よりもずっとその寄与は小さいものの、同じく二酸化炭素の発生源となる。

一方、ダム湖に発生した植物プランクトンの取り込みにより、大気中の二酸化炭素を減らす反応もまた生じている。個々の反応の過程は明らかだが、その規模については不明だ。二酸化炭素の生産と消費の収支、つまり、ダム湖は二酸化炭素を増やすのか減らすのかを、年間を通じて判断する資料は乏しい。ダム湖だけではなく、海や沼、河川などの水域を通じた収支の研究の中で、今後明らかにすべき課題だ。

大規模な貯水池が造られるようになった現在、地球全体の水の分布や循環にまで影響が及んでいる可能性もある。二〇世紀末の貯水池の水の総量は一万㎦に達し、貯水により水の供給が減った海面が三㎝下がったとの試算もある。もちろん、この効果は地球温暖化による海面上昇と相殺されるため、実際の影響の程度は不明との注釈つきではある。

さらに、貯水池が造られるのは中緯度地帯であるために、地球の自転速度にまで影響が出ているとの説もある。自転軸に遠い低緯度からより近い中緯度に重さが移れば、自転速度が上がる。スケートで手を広げて回転する人が、手をすぼめることによって、回転速度を上げるよう

ダムができると
地球も速く回る
なんて……
ついてけな～い！
地球

ダム貯水により、地球の自転速度も変わる？

なものだ。その結果、この半世紀に一日の長さは、○・○○○○一秒縮まったそうだ。ここまで壮大な話になると、真偽の検証も対策も、門外漢の手に余る。

第10章

多目的ダムの功罪

名古屋市は、戦争で焼け野原となった街に、幅一〇〇mの道路を造るなどの画期的な都市計画で知られている。明治以後の名古屋市の発展は、交通網の整備とともに、水資源の確保などの都市基盤の整備によるところが大きい。水道事業の初期の段階から、水源を小さな池や川、地下水ではなく、大河川の木曽川に求め、利水施設に投資したことにより、安価な水を大量に供給することが可能となり、それが都市の発展を後押しした（図10-1）。

私は、一九七三（昭和四八）年の四月、名古屋市の水道局に、水質管理の技師として採用された。配属された浄水場は軍の工場跡を利用した施設で、広大な敷地に、二系統の沈澱池が稼働していた。一日当たり約三〇万㎥の水道水を供給していたと記憶している。施設は拡張工事中で、将来、沈澱池を、倍の四系統に増やす予定とのことだった。

新米の職員を集めた研修では、名古屋の水道の先見性とそれを担う職員の誇りとともに、水道制度についても教えられた。同じ市役所内にいても、水道事業は、自治体とは独立した組織と会計であることも初めて知った。驚いたのは、当時の水道局が支払う借金の利息の額だった。詳しい額は忘れてしまったが、収支を家計に例えれば、とても生活が成り立たないと思ったことは良く覚えている。

私たちの動揺が伝わったのか、担当者は、これからの水需要の伸びを考えれば借金をしてでも設備を整えることが必要であり、それによって新たに期待される水道料金を充てれば、返せ

図 10-1　名古屋市の上水道取水口（愛知県・犬山市）
　名古屋市の水道水源は木曽川。この写真の犬山と、より下流の起（おこし）の２箇所で取水されている。

ない額ではないことを説明した。社会の基盤の整備にかかる費用は、現在、それにより利益を得る住民だけではなく、将来、その施設を使って生活する住民にも負担してもらうことが妥当だろうとの受益者負担の原則も解説された。

四年で水道局から異動した私が、再びこの問題に直面したのは、長良川河口堰に関わった一九九〇年代のことだった。水需要は頭打ちとなり、水道料金収入は伸びず、逆に、水資源確保のための投資は、財政を圧迫するようになっていた。かつて私が勤務した浄水場の拡張計画は、半分の規模しか実現しなかった。

水利権

川は私たちの共有する自然だが、日本の川の中を流れる水のほとんどすべては、すでに使い道が決まっており、用途外に転用することはできない。私たちの生活は、川の賜物だ。飲み水、農業や工業用水などに川の水は使われる。この水を優先的に利用する権利を「水利権」と呼ぶ。しかし、人の生存に不可欠な公共物である水は、個人の財産と全く同じ扱いではない。古くからの権利、つまり、昔からの水利用の慣行を侵すことはできない。一方、財宝や土地のように勝手に売買することもできない。水を使わなくなったら、国や県などの法律上の河川管理者に返上しなければならない。新しい水資源の配分に与ろうとする場合も、河川管理者の許可が必要になる。

最も大量に、そして昔から使われてきたのは農業用水だ。私たちの主食として欠かせないイネは、成長し実をつけるまでに大量の水を消費する。一キログラムの水をつくるのに約四トンの水が必要とされる。田んぼに水を引くための工夫と努力は、稲作が伝わったころから、営々と続いている（図10－2）。水がふんだんに使えない地域や時代には、水の利用を巡り、深刻な対立が生じた。一方、争いを調整するための取り決めも、時代とともに次第に整備されてき

図 10-2　江戸時代に造られた利水施設（鹿児島県・姶良市）
岩を穿って、農業用の水を供給する水路が造られた。大変な努力が必要だっただろう。この水路は今も使われている。

た。稲作の拡大とともに水の需要は増し、近代を迎えるころには、主要な河川の水利権は、ほとんど配分し尽くされてきた。

明治以降に発展した工業と都市も、それぞれ水を要求した。特に、敗戦後の高度成長の時期に急増した新しい需要を満たす必要があった。新たな手つかずの水資源を探さなければならない。すでに確立している水利権は、侵すことはできない。地下水が利用できる量と地域は限られており、過度の利用は、地盤が沈むなどの被害を生じる。そこでダムが登場した。

水利権を生み出す

川の水を、人の生産活動に使いきってしまうことは許されず、一定量を下流や海に流すことが義務づけられている。これを「河川維持水」と呼ぶ。その流量は、漁業や水質の維持、農地の塩害防止などの様々な目的に応じて、川ごとに設定される。異常な渇水時期以外は、流し続けなければならない。

水をもっと使いたければ、多量に降った雨を一時的にダム湖にため、渇水期に流すことにすれば、河川維持水量を上回った分の水を利水に回すことができる。年間に流れ出す水の総量は変わらなくても、流出水量を平均化すれば、新しい水利権が生み出されることになる。かくして、水需要の増加とともに、ダムは続々と造られることになる。川の水を収奪するだけではなく、一定量以上を海に流すことは大事だが、河川維持水量は合理的に算出されているのか、またダムを造る理由として、高めに設定されているのではないかとの疑惑については、維持水についての議論が始まった時期からずっと納得のいく説明はされていない。

ダムの建設費用は、利用者が負担する。水力発電のためのダムは電力会社が、公共の治水のためのダムは国や自治体の費用でまかなわれる。

では、飲み水はどうか。日本の水道事業は県や市のような自治体が運営しているように思われているが、実は、一般の役所のように税金でまかなわれているわけではない。水道や交通などの事業は、公営企業と呼ばれ、役所とは異なる組織が経営する。役所の庁舎に事務所はあるし、役所から公営企業へ、また、逆の人事異動もあるのだが、制度上は異なる組織なのだ。企業であるから、活動の費用は、営業利益から支出しなければならない。多額の資金を必要とするダムの建設費用もそうだ。全額を水道事業から出すことは不可能なことが多い。また、出せたとしても、収入で埋め合わせなければならないから、水道料金はとてつもなく高くなるに違いない。

多目的ダム——安く水資源を得る方法

水道事業が、単独でダムを造れないならば、相乗りして共同で工事を進める手がある。ダムを水道だけではなく、治水の目的にも使うことにすれば、治水の費用分だけは国や自治体の税金でまかなうことができ、割安な水資源が得られることになる。これが多目的ダムだ。

多目的ダムの工事は、水資源機構（旧水資源開発公団）が請け負う。工事の費用は、ダムを造ることにより利益を受ける国や自治体に、その利益の大きさによって異なる額が請求される。

治水の費用は国や自治体に、上水道や工業用水の費用は、各自治体の水道企業が、受け取る水の量に応じて払うことになる。この方法は、第一次世界大戦後のアメリカ合衆国で編み出された水資源開発の手段だ。世界恐慌対策として、ルーズベルト大統領が打ち出したニューディール政策の一つ、テネシー川流域総合開発公社（ＴＶＡ）がその始まりだ。

水道企業は分担金を、長期の借金でまかなう。多額の利子がつくが、利益を受けるのは現在の住民だけではなく、将来の住民でもあるから、彼らにも借金返済を担ってもらわなければならない。また、水道用水や工業用水として水が売れれば、投資した資金はやがて回収できる。何しろ、成長の時代だった。借金をして家を買っても、上がり続ける給料で返済することができた。水道企業も同じだ。経済が成長すれば、伸びる水需要と増える水道料金収入で、やがて借金はなくなるはずだった。

水資源開発の破綻

しかし、安く水資源を得るための巧妙な制度はやがて破綻した。この仕組みは、水需要が伸びることを前提条件としていた。都市への人口の集中と経済の成長が止まると、上水も工業用水も余り出した。また、家庭も企業もお金を払った水を大事に、繰り返し使うことが当たり前になった。結構なことだが、水を売る水道企業は、売り上げの減少となった。今さら水はいらないと言っても、余った水利権を転売することはできない。払ったお金は返ってこない。一方、ダムの管理費は、建設費を払い終わっても、毎年請求される。

水道企業は借金を払えず、自治体が税金を使って赤字の穴埋めをすることになった。名目上は水道企業への貸し付けであっても、営業が好転する可能性は小さく、回収することは難しそうだ。やがては、自治体の負担になってくる。

安いと思っていた水資源も、実は、結構高いものについたことも住民が知るようになった。治水の目的で国や自治体が負担したお金も、税金でまかなわれる。水道料金として払おうと、税金として納めようと、結局は、私たちの財布から出て行くお金に変わりはない。

住民監査請求とダム反対運動

会社の経営がうまくいかなければ、会社の共同の持ち主である株主たちから文句が出る。同様に、将来の見通しが甘く、過剰な設備投資をした揚げ句、赤字に苦しむ自治体には、住民が、税金の使い方について注文をつけることができる。これが「住民監査請求」だ。経理の内容がどうなっているのかを知り、不適切な支出を差し止めることもできる。

ダムによる借金に苦しむ自治体での監査請求は、ダムによる川の自然破壊に対する怒りと結びつき、ダム反対、ダム撤去の運動に発展してきた。ダム反対・撤去運動は、自然のためだけのものではなく、私たちの生活を守るためのものでもある。

評価と反省

ダムが敗戦後の日本を復興させ、一九七〇年代からの経済成長を支えてきたのは間違いないことだ。少なくともその初期の段階では、国民の各層が等しく恩恵を受けた。ダムだけの効果ではないが、街や田畑の水害の被害の頻度は減った。豊富に供給される水は、工場を誘致する場合、有利な条件となった。水が乏しく農業ができなかったり、日照りにおびえたりすることもなくなった。水道は日本全国に普及し、水を介する感染症患者は激減した。

水資源の確保に関わった人々の努力は、水需要が落ち着いた現在でも忘れられるべきではない。同じ地域であっても、水道水源の確保が早かった自治体の水道料金は、何らかの事情で遅れた自治体のそれよりもずっと安い。時代とともに、水の確保の費用がかさんできたためだ。過去を振り返り、需要の見通しを誤った原因を分析することは必要だが、判断の責任を糾弾するのは酷だろう。

しかし、水の需要がなくなっても、まだダムを造り続ける施策は受け入れることはできない。ダムはあらゆる理由をつけて造られる。治水や利水の安全度を上げるため、つまり、水害や水不足の発生する頻度を下げるために、また、現在では、川の環境を維持したり、今あるダムが堆砂で埋まることを防いだりすることさえ建設目的とされる。過剰な水利用のために涸れた川に水を流すためのダム、堆砂を取り除くため一時的に干上がらせるダムの代わりを果たすための新たなダムなどがその例だ。地球の温暖化による少雨化も、ダム建設の理由となる。降水量の年変化は、明らかな減少傾向を示しているわけではなく、また、降水量の減少がただちに水不足につながるわけではない。集水域の保水力などの自然条件の変化や、水の配分の取り決めの変更など、ダム建設よりも急いで考えなければいけないことはたくさんある。

私たちも、野放図な水の利用を続けたり、無制限に利水や治水の安全度を高めてほしいと要求したりすることを、そろそろ改めなければならない。私たち一人が一日に使う水道水は、二〇〇リットルから三〇〇リットルに達する。世界中の七〇億人がこのような水の使い方をすれば、水道水源となる川の水は一日で使い尽くされる勘定となる。エネルギーと違い、水は代替となるものはない。水を節約するしか手はないのだ。

洪水にも水不足にも強い社会をつくることは望ましいことだが、ある程度の安全度に達した後、さらに安全度を高めようとすれば、大変な費用がかかるし、自然環境への影響などの他の

水をふんだんに使う私たちの暮らしが世界の標準ではない。

危険性を増すことになる。毎年洪水に遭うような地域は、ダムの建設や堤防の強化により、被害の頻度を少なくすることが必要だろう。しかし、五〇年に一度、一〇〇年に一度の水害さえも避けようとするのは、永遠の命を望むことのように、生き物としては、不遜で不自然なことに思える。

治水・利水の安全度と環境影響の未然防止

川にとって、不都合なことが起こっているのだが、ダムによる環境影響の因果関係が良くわかっていない現在、ましてや、ダム建設により、環境がどう変わるか予測できない将来のことを考えれば、環境面でのダムの非ばかりを強調するのは、不公平に思えるかもしれない。先がみえないのは、治水や利水も同じだ。これからの未曽有の大雨や渇水に備えて、治水や利水の安全度を上げようとするのも、障害の未然防止としては同じことではないのか。

しかし、環境と利水・治水とは、安全性の考え方は異なる。利水・治水の当事者は人のみだ。様々な困難はあるが、話し合い、調整することは不可能ではない。何が利で、何が害かの価値観は共有されている。何をやればどのような結果になるかも予測しやすい。

一方、環境の当事者には、意志を通わせることができない自然物も含まれる。自然物を原告とした裁判のように、人が代理人となることもできるが、あくまでも人の価値観を通しての判断だ。また、自然の因果関係は、未だよくわかっていない。どのような干渉がどのような結果に至るかは、ほぼ予測不能だ。環境の改善を目指した行為が、逆に破壊的な影響を及ぼした例はいくつもある。環境の価値は、現在生きている私たちが使い尽くして良いものではない。

治水・利水の安全度を上げるためには、現実的に費用がかかることも考慮しなければならない。そこで、調整可能な治水・利水の安全度については、費用と効果の均衡を考慮した対策がとられ、金銭に換算された効果と事業の費用の比率が、一以下になるものは採用されない。一方、環境については、できるだけ安全側に余裕を持った決定をすることが必要になる。

第11章　ダム問題をさらに詳しく知るために

ダム問題を知るための本は、日本語で書かれたものだけに限っても、実にたくさんある。ダムの必要性を説くものからダム不要論まで、著者の姿勢は様々だが、環境、治水、利水のそれぞれの専門の立場から書かれたものは、ずいぶん古いものであっても、先見性に富む。現在のダム研究が、本質的なところでは、さほど新しいものをつけ加えてはいないことがわかる。しかし、これらの先人の知識は、現在のダム問題の議論には、ほとんど生かされていないように思われる。意図的に引用されないこともあるし、全くの不勉強のために、貴重な情報抜きで議論が進むこともある。

最後の話題として、ダムの問題を扱った本を、時代に沿って紹介しよう。絶版となった古い本も、近年では、インターネット書店の利用でたやすく、安価に入手できるようになっている。難しい専門書もあれば、一般向けの解説書もある。小説や絵本なども、当時のダムに対する社会の考え方を知るために必要だ。

一九五一〜一九八〇年

ダムの建設が、社会に歓迎されていた時代だ。近年復刊された加古（一九五九）の『だむのおじさんたち』は、ダム建設現場を描いた絵本だ。粗末な衣服をまとった労働者や子どもの絵は、ダムによりこれから豊かになる未来への期待を感じさせる。自然を変える土木機械は魅力的に描かれているし、野生動物さえ、岩盤を崩したり、石屑を運んだりして建設に協力している。木本（一九六四）の『黒部の太陽』は、黒部ダム建設の物語だ。映画にもなった。当時の技術者の責任感と誇りが、今でも十分に伝わる。ダム建設が一部の利益のみを目的とするものであれば、このような士気が維持されるはずがない。一方、安部（一九六〇）は、多くのダム工事現場の取材に基づき『石の眼』を書き、ダム利権にまつわる社会の暗部を暴いた。

多目的ダムによる日本の水資源開発は、アメリカ合衆国のＴＶＡ（テネシー川流域総合開発公社）がモデルになっている。開発の中心的な立場にいたリリエンソールの著書『ＴＶＡ』（和田・和田訳、一九七九）も、この時期に紹介されている。水資源の開発により到来する豊かな生活が自立した市民による民主的な社会をつくる、との理想が強く打ち出されている。

一九五七年の特定多目的ダム法の制定よりも早い時期に、多目的ダムの治水上の問題点を指摘した小出（一九五四）の『日本の水害』は、先見性に富む。日本のダムの貯水容量の小ささ、降雨予報の未熟さ、管理方式、堆砂などの点から、多目的ダムによる洪水対策の限界を予見している。一方では、森林の保水力への妄信の非科学性も厳しく批判されており、現在のダムによる治水を巡る争点の大枠は、この本に記されている。ダムを一概に否定するだけではなく、運用の改善や、伝統的な治水技術の併用などの提案も、その後の施策に大きな影響を及ぼしている。

新沢（一九六二）の『河川水利調整論』も、水の利用を中心に多目的ダムを論じている。河川維持水、つまり、渇水のときでも最低限流さなければならない水の量、この水の確保を理由としてダムが続々と造られるのだが、その設定根拠の曖昧さや、多目的ダムの建設費用分担の仕組みなどの経済的な面は、今でもダム建設の必要性の議論の課題となっている。

一九七〇年代になると、ダムにより引き起こされる水害などの被害も、ようやく、一般に知られるようになった。加藤（一九六五）の小説『水つき学校』は、天竜川の水害事件を扱っている。ダム建設による天竜川の変貌については、高杉（一九八〇）のルポルタージュ『日本のダム』にも、詳しく紹介されている。

松下（一九八二）の『砦に拠る』は、筑後川上流に造られた下筌ダム（熊本県）に反対した山林地主・室原知幸を主人公とした小説だ。彼は、「蜂の巣城」と呼ばれる砦を築いて、当時の建設省と戦った。公益を理由にすれば、私権は踏みにじっても良いのかというのが、土地を取り上げられる彼の主張だった。ダムに限らず、公共事業の公益性については、その後も議論が続いている。

ダム湖やダム下流の河川の水温問題については、新井・西沢（一九七四）の『水温論』、新井（一九八〇）の『日本の水』が、多くの観測資料に基づき解説している。冷濁水対策などの実用的な面に価値があるとともに、天然湖とは異なるダム湖の物理現象の研究のおもしろさが伝わる。ダム湖の特殊さの生物学的な側面は、津田（一九七四）の『陸水生態学』が草分けとなり、一九八〇年代に森下（一九八三）の『ダム湖の生態学』が、多くの観察事例を紹介した。

一九八一〜二〇〇〇年

水道水の着臭事件を通して、日常生活の中でもダム湖が注目されるようになったのは、このころからだろう。小島（一九八〇）の『陸水学と水道』は、ダム湖の成層や、濁水問題、プランクトン対策などを、水道の水質管理者の立場から詳しく紹介している。選択取水やダム湖の曝気などの水質改善技術が、現場での観測から編み出された事情がよくわかる。小島の研究は、『おいしい水の探求』（小島、一九八五）や、『日本の水道はよくなりますか』（小島・中西、一九八八）でも知ることができる。

金子（一九八三）の『世界災害物語Ⅱ』は、あまり触れられることのないダム貯水による地震の頻発事件が紹介されている。事例は世界中から集められており、原因が冷静に分析されている。嶋津（一九九一）の『水問題原論』は、小出（一九五四）や、新沢（一九六二）の足跡を継ぐ好著だ。多目的ダムに頼る治水の限界や、水不足が自然現象ではなく、水管理の社会問題であることが、わかりやすく解説してある。近年の温暖化を理由とした水資源の危機論も、この時期に明確に批判されている。

一九八〇年代後半から広域化した長良川河口堰反対運動は、ダム反対運動に発展し、海外の事情も盛んに紹介されるようになった。『ダムはムダ』（平澤訳、一九九五）、『三峡ダム』（鷲見・胡訳、一九九六）、『沈黙の川』（鷲見訳、一九九八）などがその代表的な例だ。

一方、事業者側からは、ダムの必要性を知らせるために、わかりやすいダム事業の解説書も書かれるようになり、ダム問題についての理解が進んだ。竹林（一九九六、二〇〇四）の『ダムのはなし（正・続）』は、ダムを造る側の論理や思いを解説したものだ。正編では、ダムの歴史や工法などの記述がおもしろい。続編は、無責任なダム無用論を危惧する意見の根拠を知るのに適している。また、ダムの存在を前提として、環境影響を軽減するための魚道の整備や（廣瀬・中村、一九九五）、景観への配慮（廣瀬・竹林、一九九四）についても、この時期に教科書が出版されている。ダムの堤体やそれがつくり出す景観を好ましいとする意見は、ダムを巡る論争では表に現れないが、意外に愛好者が多いようだ（萩原、二〇〇七：宮島、二〇一一）。

ダム建設予定地のルポルタージュは多いが、福岡（一九九四）の川辺川ダム問題に関するそれが優れており、同ダムの利水、治水、環境に関わる争点が、良く整理されている。川辺川だけではなく、他の地域のダム計画の検証の参考ともなる。

二〇〇一年〜

天野（二〇〇一）の『ダムと日本』は、一九九〇年代からの河口堰・ダム反対運動の動きを知るのに不可欠だ。一連の運動は、一部で批判されているような報道をうまく使った扇動ではなく、また、単なる失われる自然への感傷論でもなく、社会の仕組みの変革をめざすものであることが理解できる。脱ダムやダム撤去の運動は、二一世紀に入り、ますます活発となった。二〇〇一年の田中康夫長野県知事のいわゆる「脱ダム宣言」は、保屋野（二〇〇一）や、日本弁護士連合会公害対策・環境保全委員会（二〇〇二）が、その社会的背景を紹介している。

ダムの環境影響についての議論も、次第に深められていった。村上ほか（二〇〇四）は、『ダム湖の陸水学』を翻訳した。従来の日本のダム湖研究においては、専門分野間の交流は乏しく、ダム湖内の現象を総合的にとらえた教科書はなかった。以後、池淵（二〇〇九）、谷田・村上（二〇一〇）、大森・一柳（二〇一一）の教科書が、わが国の観測例に基づき、刊行されている。それらの教科書では、ダム下流河川の環境影響や、修復技術についての記述が、特に充実している。

ダムの環境影響は、河川だけではなく、内湾・沿岸域にも及ぶ。宇野木（二〇〇五）の『河

ダムの勉強を始めよう。

川事業は海をどう変えたか』は、ダム、河口堰、潮受け堤防などの河川への干渉の海への影響を、要領良く紹介している。それらの知識は、ダムの建設を巡る現場の議論にも取り入れられるようになってきた（例えば、市野、二〇〇八）。

　ダム建設の理由となる利水については、伊藤ほか（二〇〇三）の『水資源政策の失敗』、伊藤（二〇〇六）の『木曽川水系の水資源問題』に詳しい。また、ダムが地域社会に及ぼす影響については、町村ほか（二〇〇六）が、佐久間ダム（天竜川）を事例とした論文集を編んでいる。

第12章 これからのダム問題の議論のために

私たちは、川が、特に流れる川の風情が伝統的に好きにできているらしい。お正月の歌がるた、「小倉百人一首」の中でも、川を詠ったものは、九首もある。海の歌よりは少ないが、止まった水の湖のそれが全くないことと比較すれば、流れる水は好まれた主題なのだろう。『万葉集』の志貴皇子《しきのみこ》の「石《いわ》ばしる垂水《たるみ》の上の早蕨《さわらび》の萌え出づる春になりにけるかも」や、『詞花集』の崇徳院《すとくいん》の「瀬を早み岩にせかるる滝川の割れても末に合わむとぞ思う」などは、川の流れに託して自分の気持ちを詠んだ歌だが、そのような背景を知らなくても、歌の表現する好ましい情景を頭に浮かべることができるだろう。その流れをせき止めるコンクリートのダムが、嫌われるのは当然のことだ。

しかし、感覚的、抽象的な嫌悪を、具体的な障害として理解しなければ、ダムを巡る議論は実りのある妥協点をみつけることができず、平行線のまま終わる。行政の課題として取り上げることも難しいだろう。この本は、少し理屈っぽいかもしれないが、ダム湖の中や、その下流で起こることを科学の言葉で説明しようとしたものだ。

専門家が情報を発信する勇気と義務

ダムや河口堰問題に自分の興味で関わってきて、二〇年以上になる。仕事として川とつき合い出した時代も通算すれば、四〇年に達する。ダムや河口堰のような公的な大工事について、事業者側に対して意見を述べることには、ある種の勇気がいる。しかし、世間で考えられているように、研究のための情報や資金が入らなくなるとか、職を維持したり得たりすることが難しくなるなどのおそれが理由ではない。研究分野にもよるが、私のやっている学問は多額の研究費を消費するものではないし、そのような研究に資金を出す公的な助成制度もある。研究テーマを問題として首を切ることも、常識的な職場では難しいだろう。

一番の脅しは、公的な立場の事業者は、環境影響についての十分な情報をすでに握っており、個人や小規模なグループが不十分な観測資料やそれに基づく意見を出しても、研究者として恥をかくだけだとの助言だった。長良川河口堰の環境影響、具体的に言えば、プランクトンの発生について論文を書こうとしていたとき、この言葉は、私たちの企てを支持してくれる側からも、このようなことを快く思っていない側からも聞いた。

確かにこの助言は当たっていた部分もあった。その後、事業者側も本格的な調査を開始し、また、公開されていなかった資料もみつかった。そのため、論文に書いたことの一部は、新たな調査で確かめる必要も出てきた。しかし、これは、私たちが調査資料を論文とし、公にしてきたことの結果だったと思う。河口堰についての立場は異なるにしろ、私たちと事業者が争点とした課題については、双方の理解が進んだ。議論にならなかった課題については、進歩のないまま過ぎて行った。

ずいぶん後になって、こんなことはだれでもわかっていたことだ、専門家として当たり前すぎて言う必要もないと思っていたとか、気づいていたが社会的な影響を慮って発言を控えたとかの意見も聞いた。おかしいと思っても、発言しなければ、その見識もないのと同じだ。沈黙は、今の状況を追認するだけのものだ。これは事業者側への批判ばかりではない。反対運動の非科学的な主張に対しても、足を引っ張るとして、運動を支持する専門家があえて発言を控えることもある。

研究者の中立性

社会のしがらみから離れた場所にいる中立の立場の研究者だけが、正しい科学的判断を下すことができるとの迷信がある。だれでも社会と無関係に生きているわけではなく、生まれや育ちにより、何らかの偏向がかかっているはずだ。自分は中立だとうぬぼれるほど危険なことはない。社会がこれだけ注目しているダムや河口堰について、川の専門家として、研究課題としてあえて取り上げなかったり、社会に対して沈黙を守ったりすることこそ、何らかの意図があると考えるべきだろう。

私は、ダムや河口堰に反対する立場の人たちとのつき合いが深い。いわゆるダム反対派とみなされているらしい。それに異議を唱えようとは思わない。しかし、私のダムの環境問題についての見解の評価は、社会的な立ち位置ではなく、科学的にまっとうな手法でデータをとり、今まで積み重ねられてきた川の知識と矛盾のない論理を組み立てているかどうかの点にのみ、拠るべきだと考える。

本を書くことの必要性

ダム問題に関わっている専門家が、自分の意見を公にし、世の中に寄与しようとする場合、いくつかの方法がある。専門の論文を書くこと、法廷に証人として立つこと、また、事業者や反対運動の助言者となることなどがそうだ。それらの公開方法には、それぞれ長所と短所がある。

専門の学術雑誌に書くことが、研究者として最も正統で、正確な情報を盛り込めるのだが、事業者や運動をやっている人でさえも、ほとんど読んでくれない。ましてや、直接の利害のない市民の目に触れるはずはない。法廷や土地収用委員会などの裁判官や委員は、仕事柄、聞かざるを得ない立場であるので、難しい話も、一応耳を傾けてくれる。報道を通じて、主張は市民にもある程度伝わる。

しかし、争っている相手の話が誤りで、こっちの言っていることが正しいことを判定者に納得させることが目的であるので、話の内容は限定され、形式も選べない。「こんな考え方もある」とか、「自説でもここのところがちょっと怪しい」などと正直に話すと、出廷を依頼した弁護士でも喜ばない。反対尋問ともなると、証人の専門分野を避け、不得意なことばかり聞いてくる。「『はい』か『いいえ』で答えろ、それ以外のことはしゃべるな」など、無礼な尋問もある。これでは議論は深まらない。おまけに、判決は、いったい何を聞いていたのだろうと思うくらい、非科学的なものになることもある。

事業者や反対運動の報告書に何か書くか、会合でしゃべったりするのは、一番関心を持っている人に直接語りかけることができるので有効だ。しかし、一度それをやると、対立する立場の人たちの会議には、金輪際呼んでもらえない。

そこで、このような本を書くことにした。ダムの是非が議論されている現場では、環境の問題は、治水や利水のそれよりも、幅広い層が議論に参加する。流域の住民の多くが、ダムによって失われるかもしれない何か大事なものを、それぞれ持っているからだ。それは、オオサンショウウオのような希少種やアユに代表される水産資源などの生き物のこともあるし、慣れ親しんだ景観のこともある。ダムができることによって、それらが影響を受けることが、繰り返し主張される。

しかし、懸念の表明で終わってしまい、そのようなものに価値を認めなかったり、まだ気づいていなかったりする人たちも含めて議論が深まることはあまりない。その原因は、ダムができて何が起こったか、起こったことはダムと因果関係があるのか、起こったことは耐えられないほど大きな被害を与えるものかが、整理して説明されていないからだと思う。

また、この本では、わからないことも、わからないと正直に書きたかった。専門家が書いた本は、揺るぎのない事実だけを書くべきだろうか。たぶんそんなことは不可能だし、できたとしても、その本の刊行はずっと遅れ、現実の問題の解決に役に立たないだろう。

確実なことしか発言しない。まだ疑問が残る課題については、調査を提案し、その結果を待って見解を述べるべきだとの意見もある。正論ではあるが、同時に、今わかっていることを知らせる努力も必要だと思う。もちろん、どのくらいの確かさがあるかがわかるようにしてだ。不確実な情報で社会を不安にさせ、混乱させるとの反論もあるが、情報の少なさが混乱と不毛な対立を招く。情報の取捨は、市民に任せるべきで、専門家は、隠さずまた媚びず、思うところを率直に述べるべきだろう。「寝た子を起こす」などの発言など、専門家以外を馬鹿にしたとしか思えない発想は、もうやめる時期だ。

もちろん、この本を書く段階でわからなかったことをそのままにしておくことはない。例えば、アユの餌である藻類の量や生産については、新たな器械や手法を応用して、再び現場に臨むつもりだ。

ダムと民主主義

戦後の日本の多目的ダムによる水資源開発は、アメリカ合衆国のテネシー川流域総合開発公社（TVA）をモデルとしてきた。だが、工法や費用負担の割り振り計画などの具体的なやり方だけではなく、その理念も取り入れるべきだった。

TVAで主導的な役割を果たしたリリエンソールは、戦後間もないころ来日した折の座談会で、TVAにより、流域の人々を豊かにし、経済的に自立した人々が、積極的に社会に対して発言する気風をつくり上げるとの理想を語った。それに対して、日本の研究者は、わが国では、豊かな社会づくりは達成できても、そのような自立した意見を述べる市民層を形成するのは難しいだろうとの悲観論で答えている。

TVAの経済的な効果については、今では批判的な見方も多いが、豊かさが責任ある市民をつくり上げるとの理念は引き継ぎたい。残念ながら、水資源の開発が進むこれまでの過程では、それはできなかった。

だが、これからダムをどうするか、社会をどう変えていくかの議論に、豊かになった私たち

ダムとこれからの社会をどうするか、本気で議論するときが来た。

が、もう一度声を上げる機会が訪れた。今度こそ、自分の意見を持ち、語ることができる世の中をつくることが必要だ。ダムを造り続ける結論になろうと、ダムから撤退することになろうと、本気で議論することは、きっとこれからの社会を良くすることになると信じる。

おわりに

この本で語ったダムの環境影響についての調査のほとんどは、年若い友人、程木義邦さん（慶応大学）と一緒にやったものだ。現場で、また、調査が済んだ後の酒の席での議論は楽しく、また有益なものだった。彼の頻繁な転職と旺盛な好奇心により、現場は北海道から九州まで広がった。奥様の、生態学の研究者の大林夏湖さんも交えての議論で教えてもらったことは実に多い。

天竜川の調査は、秋山雄二組合長をはじめとする天竜川漁業協同組合の皆さんの支援を受けた。特に、鈴木富士子さん、井口章さん、谷高弘記さんの三代にわたる事務長にはずいぶんお世話になった。一〇年以上も前の最初の出会いの折の「毎日濁りを測って、天竜川の現状を知ろう」との私の提案は、今も立派に実行されている。

球磨川では、八代市のつる祥子さん、熊本市の田尻紀子さんたちの協力をいただいた。つるさんは、球磨川の荒瀬ダムの撤去が、不知火海の干潟の環境を回復する過程を追跡する調査を進めている。人吉市のアユ問屋の吉村勝徳さんには、川や魚の様々な知識を教えていただいた。ダムがアユ漁に及ぼす影響の調査の最も古い例の一つが、球磨川の荒瀬ダムを扱ったものだ。古い文献を読んでいて、彼の祖父がその調査でアユの採捕を担当したことが、ずいぶん後でわかった。縁というのは不思議なものだ。

名古屋女子大学大学院の服部典子さんには、河川水の水質分析を手伝っていただいた。ダム湖や河口堰の水温成層の説明にも、彼女の観測の成果を使わせてもらった。挿絵を描いていただいた尾崎（中川）香奈子さん、菅野美緒さんも、私の卒論ゼミナールの卒業生だ。二人とも学生時代から漫画が得意だった。もちろん、勉強もちゃんとやった。この本でも扱った貯水池から川に流れ出すプランクトンの挙動は、彼女たちの卒業研究の成果だ。

この本を書くにあたって、程木さん、佐々木克之さん（北海道自然保護協会）、喜多村雄一さん（(株)電源開発）、吉田正人さん（筑波大学・日本自然保護協会）、野崎健太郎さん（椙山女学園大学）、林裕美子さん（てる葉の森の会）などの方々の助言をいただいた。ダムに対する立場はそれぞれ異なるものの、的確で、親切な指摘に深く感謝する。しかし、意見は著者の責任で取捨し、必ずしも助言者の考えを反映したものになっていない部分もあることをお断りしておく。

出版の労を執っていただいた地人書館編集部の塩坂比奈子さんには特にお世話になった。陸水学分野の出版経験が豊かな彼女ならではの適切な助言により、この本を仕上げることができた。深く感謝する。

二〇一三年一月

村上哲生

の歴史的実験—．岩波書店，東京．

町村敬志 編（2006）開発の時間 開発の空間．東京大学出版会，東京．

松下竜一（1982）砦に拠る．講談社，東京．

McCully, P.（鷲見一夫 訳）（1998）沈黙の川．築地書館，東京．

宮島咲（2011）ダムマニア．オーム社，東京．

森下郁子（1983）ダム湖の生態学．山海堂，東京．

日本弁護士連合会公害対策・環境保全委員会 編（2002）脱ダムの世紀．とりい書房，東京．

大森浩二・一柳英隆 編（2011）ダムと環境の科学Ⅱ．ダム湖生態系と流域環境保全．京都大学学術出版会，京都．

Pearce，F.（平澤正夫 訳）（1995）ダムはムダ．共同通信社，東京．

嶋津暉之（1991）水問題原論．北斗出版，東京．

新沢嘉芽統（1962）河川水利調整論．岩波書店，東京．

高杉晋吾（1980）日本のダム．三省堂，東京．

竹林征三（1996）ダムのはなし．技報堂出版，東京．

竹林征三（2004）続 ダムのはなし．技報堂出版，東京．

谷田一三・村上哲生 編（2010）ダム湖・ダム河川の生態系と管理．名古屋大学出版会．

Thornton, K. W., Kimmel, B. L. & Payne, F. E.（村上哲生・林裕美子・奥田節夫・西條八束 訳）（2004）ダム湖の陸水学．生物研究社，東京．

津田松苗（1974）陸水生態学．共立出版，東京．

宇野木早苗（2005）河川事業は海をどう変えたか．生物研究社，東京．

第12章

〈TVA〉

Lilienthal, D. E.（和田小六・和田昭允 訳）（1979）TVA—総合開発の歴史的実験—．岩波書店，東京．
宮田伊知郎（2006）理想追及への火—TVA思想、民主化、そして自立—．町村敬志 編「開発の時間 開発の空間」pp.51-71．東京大学出版会，東京．

第11章

安部公房（1975）石の眼．新潮社，東京．［初出：(1960）新潮社，東京］

天野礼子（2001）ダムと日本．岩波書店，東京．

新井正（1980）日本の水．三省堂，東京．

新井正・西沢利栄（1974）水温論．共立出版，東京．

戴晴（鷲見一夫・胡暐婷訳）（1996）三峡ダム．築地書館，東京．

福岡賢正（1994）国が川を壊す理由．葦書房，福岡．

萩原雅紀（2007）ダム．メディアファクトリー，東京．

廣瀬利雄・中村中六 編（1995）魚道の設計．山海社，東京．

廣瀬利雄・竹林征三（1994）ダム・堰と湖水の景観．山海社，東京．

保屋野初子（2001）長野の「脱ダム」、なぜ？．築地書館，東京．

市野和夫（2008）川の自然誌 豊川のめぐみとダム．あるむ，名古屋．

池淵周一 編（2009）ダムと環境の科学Ⅰ．ダム下流生態系．京都大学学術出版会，京都．

伊藤達也（2006）木曽川水系の水資源問題．成文堂，東京．

伊藤達也・在間正史・富樫幸一・宮野雄一（2003）水資源政策の失敗．成文堂，東京．

加古里子(2007)だむのおじさんたち．ブッキング，東京．[初出：(1959）福音館，東京］

金子史朗（1983）世界災害物語Ⅱ．星雲社，東京．

加藤明治（1976）水つき学校．講談社，東京．［初出：(1965）東都書房，東京］

木本正次（1992）黒部の太陽．信濃毎日新聞社，長野．［初出：(1964)］

小出博 編（1954）日本の水害．東洋経済新報社，東京．

小島貞男（1980）陸水学と水道．半谷高久 編「陸水学への招待」pp.167-202. 東海大学出版会，東京．

小島貞男（1985）おいしい水の探求．日本放送出版協会，東京．

小島貞男・中西準子（1988）日本の水道はよくなりますか．亜紀書房，東京．

Lilienthal, D. E.（和田小六・和田昭允 訳）（1979）TVA―総合開発

けての地震の調査、及び地域の地震活動に及ぼす貯水池の負荷”
Hagiwara, T. & Ohtake, M. (1972) Seismic activity associated with the filling of the reservoir behind the Kurobe Dam, Japan, 1963-1970. *Tectonophysics* **15**: 241-254. “黒部ダム貯水に関係する地震活動”
Rothe, J. P. (1968) Fill a lake, start an earthquake. *New Scientist* **39**: 75-78. “水をためると地震が起こる”
参議院会議録情報 第132回国会 環境特別委員会 第3号 (1995) http://kokkai.ndl.go.jp/SENTAKU/sangiin/132/

〈ダム決壊〉

国府谷盛明 (1995) 歴史にとどめられなかった幌内川ダム決壊問題. 日本の科学者 **30**: 155-159.
毎日新聞 2011年6月28日、社会14新版.「揺れの直後鉄砲水・福島の藤沼ダム決壊」

〈地球規模の障害〉

Pielou, E. C. (1998) Fresh Water. The University of Chicago Press, Chicaho. (古草秀子 訳) (2001) 水の自然誌. 河出書房新社, 東京.
St. Louse, V. L., Kelly, C. A. Duchemin, E., Rudo, J. W. M., & Rosenberg, D. M. (2000) Reservoir surfaces as sources of greenhouse gasese to the atomosphere: A global estimation. *BioScience* **50**: 766-775. “大気への温室効果ガスの供給源としての貯水池”

第10章

伊藤達也・在間正史・富樫幸一・宮野雄一 (2003) 水資源政策の失敗. 成文堂, 東京.
伊藤達也 (2006) 木曽川水系の水資源問題. 成文堂, 東京.
嶋津暉之 (1991) 水問題原論. 北斗出版, 東京.
新沢嘉芽統 (1962) 河川水利調整論. 岩波書店, 東京.

水湖および貯水池」プロジェクト最終報告（Ⅰ）～（Ⅵ）．公害と対策 **16**: 465-472, 662-691, 731-741, 974-983, 1078-1085, 1160-1167]
宗宮功・住友恒・津野洋・松尾直規・松岡譲（1990）水質予測モデル．岩佐義朗 編「湖沼工学」pp.299-356．山海堂，東京．
〈選択取水・清水バイパス〉
竹中秀夫・大東秀光・阿部守（2002）旭ダムバイパス設備の運用実績．ダム技術 **193**: 99-102.
横井宏彦・中津川勝彌（1997）奥吉野発電所旭ダム放流設備（バイパス水路）設置工事の設計と施工．電力土木 **270**: 46-49.
〈穴開きダム〉
村上哲生・程木義邦（2011）底面穴開きダム上下流部の水棲昆虫相の比較―島根県・益田川ダムの事例―．名古屋女子大学紀要 家政・自然編 **57**: 75-79.
谷田一三（2010）底面穴あきダムの生態学的可能性．谷田一三・村上哲生 編「ダム湖・ダム河川の生態系と管理」pp.195-205．名古屋大学出版会，名古屋．

第9章

〈ダムと水害〉

国土交通省川辺川工事事務所（2001）川辺川ダム建設事業Q & A．国土交通省．

川辺川研究会 編（2001）球磨川の治水と川辺川ダム．川辺川研究会，熊本．

球磨川流域・住民聞き取り調査報告集編集委員会 編（2008）ダムは水害をひきおこす．花伝社，東京．

〈ダムと地震〉

Carder, D. S. (1945) Seismic investigations in the Boulder Dam Area, 1940-1944, and the influence of reservoir loading on local earthquake activity. *Bulletin of Seismological Society of America* **35**: 175-192. "ボールダー・ダム地域での1940年から1944年にか

pp.238-245. 岩波書店，東京．［初出：不詳］

〈水道障害〉

小島貞男（1985）おいしい水の探求．日本放送出版協会，東京．

Palmer, C. M.（桑原驎児 訳・小島貞男 補訂）（1974）用廃水藻類学．産業用水調査会，東京．

〈ダム反対運動〉

天野礼子（2001）ダムと日本．岩波書店，東京．

長良川河口堰建設に反対する会 編（2000）長良川の一日．山と渓谷社，東京．

〈河川観〉

松永勝彦（1993）森が消えれば海も死ぬ．講談社，東京．

紫式部（山岸徳平 校注）（1965）源氏物語（二）．岩波書店，東京．

Vannote, R. L., Minshall, G. W., Cummins, K. W., Sedell, J. R. and Cushing, C. E.（1980）The river continuum concept. *Canadian Journal of Fisheries and Aquatic Science* **37**: 130-137. "河川の連続性に関する概念"

山本幸司（1986）貴族社会に於ける穢れと秩序．日本史研究 **287**: 28-54.

第8章

〈予測〉
程木義邦・佐々木克之・宇野木早苗（2003）川辺川ダムにおける水質予測とその問題．日本自然保護協会報告書（川辺川ダム計画と球磨川水系の既設ダムがその流域と八代海に与える影響）**94**: 31-46.
国土交通省中部地方整備局設楽ダム工事事務所（2007）設楽ダムにおける環境影響評価と環境保全への取り組み．国土交通省．
OECD（1979）OECD Cooperative Program for Inland waters（Eutrophication Control）: Final Report of the Project on "Shallow Lakes and Reservoirs", vol.1. OECD, Paris.［環境庁水質保全局水質管理課 訳（1980）富栄養化防止のための OECD「浅

〈ザザムシ〉
御勢久右衛門（1966）旭川の水生昆虫の研究―とくにダム湖との関連において―．日本生態学会誌 **16**: 176-182.
古屋八重子（1998）吉野川における造網型トビケラの流呈分布と密度変化，とくにオオシマトビケラ（昆虫，毛翅目）の生息拡大と密度増加について．陸水学雑誌 **59**: 429-441.
岩舘知寛・程木義邦・大林夏湖・村上哲生・小野有五（2007）天塩川水系岩尾内ダム直下流域におけるヒゲナガカワトビケラ（*Stenopsyche marmorata* Navas）の優占．陸水学会誌 **68**: 41-49.
村上哲生・矢口愛（2009）ザザムシ考．名古屋女子大学紀要 家政・自然編 **55**: 79-84.
津田松苗（1962）水生昆虫学．北隆館，東京．
〈水稲〉
市村一男・戸狩義次・河原卯太郎・高月豊一・田村徳一郎・土本善平・牧原犬冶・松島省三・佐藤健吉・三原義秋・久松実（1962）座談会 稲と水温．水温の研究 **6**: 69-83.

第7章

〈ヘッチ・ヘッチー論争〉

加藤則芳（1995）森の聖者 自然保護の父ジョン・ミューア．山と渓谷社，東京．

Miller, C.（1992）The Greening of Gifford Pinchot. *Environmental Ethics* **16**: 1-20. “ギフォード・ピンショウの森林政策”

岡島成行（1990）アメリカの環境保護運動．岩波書店，東京．

Righter, R. W.（2005）The battle over Hetch Hetchy. Oxford University Press, New York. “ヘッチ・ヘッチーの闘い”

〈日本の自然保護運動〉

日本自然保護協会 編（2002）自然保護NGO半世紀の歩み．日本自然保護協会五〇年史 上．平凡社，東京．

鶴見和子（1981）南方熊楠．講談社，東京．

若山牧水（2002）沼津千本松原．池内紀 編「新編みなかみ紀行」

水沢栄三・前田訓次（1975）一ツ瀬ダム湖の濁りについて．宮崎大学農学部報 **22**: 239-245.

第6章

〈海への影響〉

Entz, B.（井出慎司 抄訳）（1994）アスワンハイダム湖（その建設が及ぼした影響）．土木学会誌 **79**（50）: 50-52.

Humborg, C., Ittekkok, V., Coclasu, A. & V. Boudungen, B.（1997）Effect of Danube River Dam on Black Sea biogeochemistry and ecosystem structure. *Nature* **386**: 385-388.“ダニューブ川ダムが黒海の生物地球化学と生態系構造に及ぼす影響”

Sharaf El Din, S. H.（1977）Effect of the Aswan High Dam on the Nile flood and on the estuarine and coastal circulation pattern along the Mediterranean Egyptian Coast. *Limnology & Oceanography* **22**: 194-207.“アスワンハイダムがナイル川の洪水と地中海エジプト沿岸の潮の流れの循環に及ぼす影響”

宇野木早苗（2004）内湾の環境や漁業に与えるダムの影響．海の研究 **13**: 301-314.

〈アユ〉

東幹夫・程木義邦・高橋勇夫（2003）球磨川流域におけるアユ仔魚の流下と中流ダムの影響．日本自然保護協会 編「川辺川ダム計画と球磨川水系の既設ダムがその流域と八代海に与える影響」pp.21-30. 日本自然保護協会，東京．

程木義邦・村上哲生・東幹夫（2003）球磨川水系におけるアユ成魚の体形と胃内容物の比較．日本自然保護協会 編「川辺川ダム計画と球磨川水系の既設ダムがその流域と八代海に与える影響」pp.11-20. 日本自然保護協会，東京．

稲葉伝三郎（1957）水温と水産増殖．水温の研究 **1**: 18-21.

大島正満（1956）球磨川荒瀬堰堤が鮎の生態に及ぼしたる影響．魚類学雑誌 **5**: 1-11.

Research **7**: 343-354.“ビッグホーン川の水質に及ぼす貯水の影響”
Stockner, J. G., Rydin, E. & Hyenstrand, P.（2000）Cultural oligotrophication: Case and consequence for fisheries resource. *Fisheries* **25**: 7-14.“人為的な貧栄養化：事例と水産資源への影響”

第４章

〈ダム湖のプランクトン〉

畑幸彦（1991）永瀬ダム湖（高知県）の淡水赤潮．水質汚濁研究 **14**: 293-297.
小島貞男（1964）上水道の浄水作業を対象とした貯水池 plankton control に関する研究．小島貞男，東京．［初出：（1964）水道協会雑誌 **356, 357, 358**］
中本信忠（1991）神流湖の淡水赤潮．水質汚濁研究 **14**: 281-285.
Thornton, K. W., Kimmel, B. L. & Payne, F. E.（村上哲生・林裕美子・奥田節夫・西條八束 訳）（2004）ダム湖の陸水学．生物研究社，東京．
上野益三（1951）人工湖のプランクトン発生とその変移．水道協会雑誌 **198**: 10-19.

第５章

〈冷水放出〉

川端経男（1962）利根川・赤谷川の水温観測．水温の研究 **5**: 248-251.
西沢利栄（1962）河川の水温―主として日本における研究の展望［1］．水温の研究 **6**: 2-7.
高月豊一・高橋一郎・手島三二（1954）発電施設が水温に及ぼす影響に関する研究（Ｉ）―隧道流下時の水温変化について―．農業土木研究 **22**: 551-566.

〈濁水の長期化〉

安芸周一（1975）貯水池の流動形態と水質．大ダム **71**: 1-13.
九州電力株式会社土木部（1974）一ツ瀬貯水池における濁水長期化現象とその軽減対策について．大ダム **70**: 32-34.

大熊孝（2004）脱ダムを阻む「基本高水」．世界 2004 年 10 月号：123-131.

〈利水の争点〉

伊藤達也（2006）木曽川水系の水資源問題．成文堂，東京．

嶋津暉之（1991）水問題原論．北斗出版，東京．

新沢嘉芽統（1962）河川水利調整論．岩波書店，東京．

第3章

〈水温成層〉

新井正（1980）日本の水．三省堂，東京．

新井正・西沢利栄（1974）水温論．共立出版，東京．

〈濁水の挙動〉

小島貞男（1980）陸水学と水道．半谷高久 編「陸水学への招待」pp.167-202. 東海大学出版会，東京．

Thornton, K. W., Kimmel, B. L. & Payne, F. E.（村上哲生・林裕美子・奥田節夫・西條八束 訳）（2004）ダム湖の陸水学．生物研究社，東京．

〈堆砂〉

中村太・竹門康弘（2002）ダム堆砂量に関わる要因と生態系保全上の課題．応用生態工学 5: 125-127.

岡本尚・山内征郎（2001）ダム湖の堆砂量は何により決まるのか．応用生態工学 4: 185-192.

山本晃一（1994）沖積河川学．山海堂，東京．

〈ダム湖への栄養塩蓄積と放出〉

井口明・谷高弘記・服部典子・村上哲生（2010）天竜川下流（静岡県）の透視度と栄養塩負荷の変動．陸の水 43: 1-6.

村上哲生・程木義邦（2010）ダム下流河川における栄養塩・一次生産者の様相．谷田一三・村上哲生 編「ダム湖・ダム河川の生態系と管理」pp.263-280. 名古屋大学出版会，名古屋．

Soltero, R. A., Wright, J. C. & Horpestad, A. A.（1973）Effects of impoundment on the water quality of the Bighorn River. *Water*

〈ダム湖化する天然湖、琵琶湖・青木湖〉
「川と湖の訴訟」を支援する北アルプス市民の会（1998）これってちょっと変じゃない？　青木湖の減水.「川と湖の訴訟」を支援する北アルプス市民の会ニュースレター 1: 3.
信濃毎日新聞社 編（1973）信州の湖沼. 信濃毎日新聞社，長野.
淀川水系流域委員会（2005）琵琶湖水位操作についての意見書. 淀川流域委員会.
〈河口堰・ため池・天然ダム〉
Hutchinson, G. E.（1957）Treatise on limnology. John Wiley, New York. "湖沼論"
村上哲生・西條八束・奥田節夫（2000）河口堰. 講談社，東京.
ため池の自然談話会 編（1994）ため池の自然学入門. 合同出版, 東京.
〈ダムの法律的な定義〉
河川管理施設等構造令研究会 編（1978）解説 河川管理施設等構造令. 山海堂，東京.

第2章

〈ダム水没地の移転問題〉
熊本県（1983）川辺川ダムに係る水源地域対策調査報告書. 熊本県.
松下竜一（1982）砦に拠る. 講談社，東京.
〈環境の争点〉
北海道の森と川を語る会 編（2006）サンルダムは本当に必要なのか？. 北海道の森と川を語る会，札幌.
日本自然保護協会 編（2003）川辺川ダム計画と球磨川水系の既設ダムがその流域と八代海に与える影響. 日本自然保護協会.
〈治水の争点〉
福岡捷二（2005）大熊孝氏の「脱ダム」治水論を批判する. 世界 2005年4月号 : 285-290.
小出博 編（1954）日本の水害. 東洋経済新報社，東京.
蔵治光一郎・保屋野初子 編（2004）緑のダム. 築地書館，東京.
大熊孝（1988）洪水と治水の河川史. 平凡社，東京.

引用資料・文献

本文で直接引用した資料、および関係する研究で最も早く着手された成果や頻繁に引用される文献を、章ごと、話題ごとに紹介する。日本語訳がない文献については、末尾に表題の和訳をつけ、“　　”で示した。

はじめに

〈日本のダム台帳〉

大堰堤国際委員会・日本国内委員会 編（1936）日本大堰堤台帳．大堰堤国際委員会・日本国内委員会，東京．

日本ダム協会 編（1969）ダム総覧 1969．日本ダム協会，東京．

日本ダム協会 編（2002）ダム年鑑 2002．日本ダム協会，東京．

〈ダムの環境影響の歴史〉

池上俊一（2010）森と川．刀水書房，東京．

Reynolds, T. S.（末尾至行・細川歆延・藤原良樹 訳）（1989）水車の歴史．平凡社，東京．

Tolkien, J. R. R.（瀬田貞二・田中明子 訳）（1992）新版 指輪物語第2部6．二つの塔 上2．評論社，東京．

第1章

〈ダム湖と天然湖の相違〉

村上哲生（2010）日本のダム湖とダム河川．谷田一三・村上哲生 編「ダム湖とダム河川の生態系と管理」pp.1-18．名古屋大学出版会，名古屋．

Straskraba, M.（1998）Limnological difference between deep valley reservoirs and deep lakes. *International Review of Hydrobiology* **83**: 1-12.“水深の深い貯水池と天然湖の陸水学的な相違”

津田松苗（1974）陸水生態学．共立出版，東京．

【や行】

【ら行】

【わ行】

【欧文】

【な行】

【は行】

【ま行】

【た行】

【さ行】

索　引

著者紹介

村上哲生（むらかみ・てつお）

1950年、熊本県生まれ。1973年、熊本大学理学部生物学科卒業、博士（理学）。名古屋市水道局、同市公害研究所（環境科学研究所）を経て、2000年より名古屋女子大学助教授、2003年より教授。㈶日本自然保護協会参与。専門は陸水学（川と湖に関する科学）、環境科学。

自然と社会の変化が甚だしい時代に学生生活を送った。当時まだ残っていた九州の山川の美しさと、封鎖された大学や裁判所で見た公害病患者の「怨」の旗が、その後の水に関わる仕事の方向を決めたと思っている。だが、自然の価値や環境破壊の被害者の苦痛の本当の意味が少しでも解ったのはずっと後のことであったし、今も理解していると言い切る自信はない。たぶん、これからも課題であり続けるのだろう。

編著書:『河口堰』（共著、講談社、2000年）、『ダム湖・ダム河川の生態系と管理―日本における特性・動態・評価』（共編、名古屋大学出版会、2010年）、『川と湖を見る・知る・探る―陸水学入門』（共編、地人書館、2011年）等。

翻訳書:『ダム湖の陸水学』（共訳、生物研究社、2004年）。

ダム湖の中で起こること

ダム問題の議論のために

2013年3月10日　初版第1刷

著　者　村上哲生
発行者　上條　宰
発行所　株式会社 **地人書館**
〒162-0835　東京都新宿区中町15
電話　03-3235-4422
FAX　03-3235-8984
郵便振替　00160-6-1532
URL　http://www.chijinshokan.co.jp/
e-mail　chijinshokan@nifty.com
印刷所　モリモト印刷
製本所　イマキ製本

ISBN978-4-8052-0860-1 C1040

●生物多様性の本

自然再生ハンドブック

日本生態学会 編
矢原徹一・松田裕之・竹門康弘・西廣淳 監修
B5判／二八〇頁／本体四〇〇〇円(税別)

自然再生事業とは何か．なぜ必要なのか．何を目標に，どんな計画に基づいて実施すればよいのか．生態学の立場から自然再生事業の理論と実際を総合的に解説，全国各地で行われている実施主体や規模が多様な自然再生事業の実例について成果と課題を検討する．市民，行政担当者，NGO，環境コンサルタント関係者必携の書．

外来種ハンドブック

日本生態学会 編／村上興正・鷲谷いづみ 監修
B5判／カラー口絵四頁＋本文四〇八頁
本体四〇〇〇円(税別)

生物多様性を脅かす最大の要因として，外来種の侵入は今や世界的な問題である．本書は，日本における外来種問題の現状と課題，管理・対策，法制度に向けての提案などをまとめた，初めての総合的な外来種資料集．執筆者は，研究者，行政官，NGOなど約160名，約2300種に及ぶ外来種リストなど巻末資料も充実．

世界自然遺産と生物多様性保全

吉田正人 著
A5判／二七二頁／本体二八〇〇円(税別)

世界遺産条約はどのように生まれ，生物多様性条約とはどんな関係にあるのか．世界遺産条約によって生物多様性を保全することはできるのか，できないとしたらどうしたらよいのか．本書では，特に世界自然遺産に重点を置き，世界遺産条約が生態系や生物多様性の保全に果たす役割や今後の課題を検討する．

生物多様性緑化ハンドブック
豊かな環境と生態系を保全・創出するための計画と技術

亀山章 監修／小林達明・倉本宣 編集
A5判／三四〇頁／本体三八〇〇円(税別)

外来生物法が施行され，外国産緑化植物の取扱いについて検討が進んでいる．本書は日本緑化工学会気鋭の執筆陣が，従来の緑化がはらむ問題点を克服し生物多様性豊かな緑化を実現するための理論と，その具現化のための植物の供給体制，計画・設計・施工のあり方，これまで各地で行われてきた先進的事例を多数紹介する．

●ご注文は全国の書店、あるいは直接小社まで

㈱地人書館　〒162-0835 東京都新宿区中町15　TEL 03-3235-4422　FAX 03-3235-8984
E-mail=chijinshokan@nifty.com　URL=http://www.chijinshokan.co.jp

●植物の本

描いて見よう身近な植物

小野木三郎 著
四六判／二四〇頁／本体一八〇〇円（税別）

植物のことをよく知るためにはスケッチすること，つまり「描いて，見る」ことが効果的である．ありのままを正確に写すことに専念し，我流，個性的な描き方で十分だ．本書は著者が定年退職後に描いた600枚以上の植物画から59枚を選び，その植物にまつわるエピソードや自然観察や自然保護についてのエッセイを添えた．

残しておきたい ふるさとの野草

稲垣栄洋 著／三上修 絵
四六判／二四〇頁／本体一八〇〇円（税別）

田んぼ一面に咲き誇るレンゲ．昔は春になればあちらこちらで見られるありふれた風景だったが，今ではめっきり見かけなくなってしまった．ふるさとの風景を彩ってきた植物が危機に瀕している．本書では，遠い万葉や紫式部の時代から人々とともにある，これからもぜひ残しておきたいなつかしい野草の姿を紹介する．

サクラソウの目 第2版

繁殖と保全の生態学
鷲谷いづみ 著
四六判／二四八頁／本体二〇〇〇円（税別）

絶滅危惧植物となってしまったサクラソウを主人公に，野草の暮らしぶりや花の適応進化，虫や鳥とのつながりを生き生きと描き出し，野の花と人間社会の共存の方法を探っていく．第2版では，大型プロジェクトによるサクラソウ研究の分子遺伝生態学的成果を加え，保全生態学の基礎解説も最新の記述に改めた．

ほんとの植物観察

1 ヒマワリは日に回らない
2 庭で、ベランダで、食卓で
室井綽・清水美重子 著
B5判／各一六八頁／本体各一八〇〇円（税別）

アジサイ，アサガオなど身近な植物について，それぞれ数枚のスケッチを載せ，その中から「うそ」と「ほんと」のものを見分けることによって，草花や樹木にもっと親しんでもらおうというもの．何十年も観察を続けてきた著者が全力を注いだ挿画は極めて精緻．2巻では園芸植物のほか，野菜や果物にまで観察対象を広げた．

●ご注文は全国の書店、あるいは直接小社まで

㈱地人書館　〒162-0835 東京都新宿区中町15　TEL 03-3235-4422　FAX 03-3235-8984
E-mail=chijinshokan@nifty.com　URL=http://www.chijinshokan.co.jp

●自然保護・保全・再生活動の本

自然保護
その生態学と社会学
吉田正人 著
A5判／一六〇頁／本体二〇〇〇円（税別）

生物多様性など環境問題の新しいキーワードを整理，地球上で生きるうえで誰もが教養として知っておくべき「自然保護のための生態学」をわかりやすく解説した．外来種の駆除や自然再生などの話題も取り上げ，自然保護の現場の社会問題や法制度についても興味を持って読める．教養課程の生態学の教科書としても最適．

樹木葬和尚の自然再生
久保川イーハトーブ世界への誘い
千坂嵃峰 著
四六判／一九六頁／本体一八〇〇円（税別）

首都圏では開発による破壊が，地方では放置され，荒廃が進む里山．この事態に一人の和尚が立ち上がった．荒れた里山に墓地の許可を取り，手を入れ整備する．そして，直接遺骨を埋葬し，その地域に合った花木を墓標として植える．今注目の「樹木葬」発案者が，里山の生物多様性保全・再生という樹木葬の真の狙いを伝える．

コウノトリの贈り物
生物多様性農業と自然共生社会をデザインする
鷲谷いづみ 編
四六判／二四八頁／本体一八〇〇円（税別）

環境負荷の少ない農業への転換を地域コミュニティの維持や再生と結びつけて進めることは，持続可能な地域社会の構築にとって今最も重要な課題である．コウノトリを野生復帰させ共に暮らすまちづくりを進める豊岡市，初の水田を含むラムサール条約湿地に登録された大崎市蕪栗沼の取り組みなど，先進的事例を紹介する．

「クマの畑」をつくりました
素人、クマ問題に挑戦中
板垣悟 著
四六判／一八四頁／本体一六〇〇円（税別）

一向に減らない農業被害とそれに伴うクマの駆除．人も助かりクマも助かる方法はないものか．考えに考え，クマが荒らし被害が出ている作物デントコーンを山裾の休耕地につくり，そこから里に降りるクマを食い止めようとする「クマの畑」の活動を始めた．「これは餌付けだ」という批判を覚悟でクマ問題を世に問いただす．

●ご注文は全国の書店、あるいは直接小社まで

㈱地人書館 〒162-0835 東京都新宿区中町15 TEL 03-3235-4422 FAX 03-3235-8984
E-mail=chijinshokan@nifty.com URL=http://www.chijinshokan.co.jp